孙郡锴 /编著

用生命的
纯粹

拯救
曾经迷失
的自己

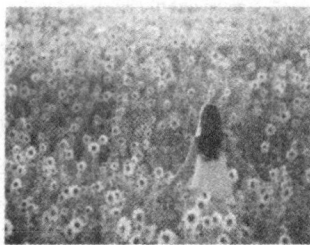

中国华侨出版社

图书在版编目（CIP）数据

用生命的纯粹，拯救曾经迷失的自己／孙郡锴编著．—北京：中国华侨出版社，2015.9（2021.4重印）

ISBN 978-7-5113-5561-4

Ⅰ．①不… Ⅱ．①孙… Ⅲ．①人生哲学－通俗读物 Ⅳ．①B821-49

中国版本图书馆CIP数据核字（2015）第159010号

● 用生命的纯粹，拯救曾经迷失的自己

编　　著／孙郡锴
责任编辑／严晓慧
封面设计／天之赋工作室
经　　销／新华书店
开　　本／710毫米×1000毫米　1/16　印张18　字数223千字
印　　刷／三河市嵩川印刷有限公司
版　　次／2015年9月第1版　2021年4月第2次印刷
书　　号／ISBN 978-7-5113-5561-4
定　　价／48.00元

中国华侨出版社　　北京朝阳区静安里26号通成达厦3层　　邮编100028
法律顾问：陈鹰律师事务所
编辑部：（010）64443056　　64443979
发行部：（010）64443051　　传真：64439708
网　址：www.oveaschin.com
e-mail：oveaschin@sina.com

如果我们不能了悟，我们就不能自在生活。

我们诅咒生命中的痛苦，我们对此感到惧怕，其实是我们不明白痛苦的意义。

幸福和痛苦是灵魂对世界的感知。幸福是灵魂的叹息和歌唱，苦难则是灵魂的呻吟和抗议，在两者中凸现的是对生命意义的或正或负的强烈体验。痛苦和幸福未必是相互排斥的，一个人在痛苦中也可以感受到生命意义的实现。只是在更多的情况下，人们消极地以为痛苦来自于生命意义的受挫。但如果把世上每一个人的痛苦放在一起，再让你去选择，你可能还是会选择自己原来的那一部分。因为，你的灵魂对于这一部分痛苦已经有了适应能力，如果不是自我沉沦，你的灵魂甚至有超越痛苦的能力，这就是因祸得福。这样看，痛苦其实是很有意义的，它可以深化一个人对于生命意义的认识。

如果一直活在别人的剧本里，我们就永远成不了自己生命的主角。

活着，从形式上讲可分为两种：一种是给别人看，一种是给自己看。如果活着是为了给别人看，会很累，不会快乐。不过，大部分人都是活给别人看的。比如有人恋爱了，天真烂漫的女朋友希望学工商的他做个诗人，于是这个世界多了一个很不快乐又极其糟糕的"诗人"；

比如有人失恋了，她说，我一定要嫁个百万富翁，找一个比他更帅、更爱我的人，让他为自己的决定后悔，于是这世界上又多了个空有婚姻、没有爱情的怨妇……人一旦戴上各种面具，就想在各种场合证明它，结果弄得自己很狼狈。我们不快乐，是因为我们丢弃了太多原本属于自己的东西。

当务之急，是检视你的内在。当你知道自己想要什么，又能够勇敢地去追寻时，你就能活出真正的自己。快乐也会回归。

如果因为害怕而放弃善良，这个想法非常荒唐。

事实上，如果你闭上眼睛，看不见世界上有许许多多需要你去帮助的人，你只看到了自己世界里的喜怒哀乐，只忙着满足自己那些小小的欲望，只是想方设法的躲避可能出现的伤害，那么这个世界有你跟没有你，就没有什么本质上的不同了。别让你的存在，只是消耗着这个世界的资源，而不能创造任何东西。

我们之所以不快乐，是因为我们丢弃了太多原本属于自己的东西，比如梦想的实现，比如快乐的感觉，比如自我存在的意义，比如真善美的延绵……是时候该惊醒了，我们的目标并不在于改变自己，而是要回归我们的本性。

这无疑是一本能够令人平静的书。这里没有辩护与争论，不是非要说服别人来证明自己的观点。它不具有鲜艳的色彩和昂扬的声调，也不会激起我们快速而热烈的反应和自我膨胀。但它是有力量的，这种力量纯粹、优雅，并且深邃，宛如生命的秩序本身。

目 录
CONTENTS

第一辑　了悟痛苦：迷路原为等花开

不要总在痛苦中沉溺，人生处处是风景，生活处处是诗意，何必总留恋那些消逝的记忆。人生就是这样，牵挂着，烦恼着，自由着，限制着。走出一段路程，回头一望，却也生动着，美丽着，有着你爱的人和爱你的人，有着你喜欢的事和需要你做的事，有着牵挂你的人和你牵挂着的人。人这一辈子是短暂的，所以要让自己健康着，开心着，幸福着，偶尔要醉着。

第二辑　本色出演：留住生命的纯粹

我们每个人都有自己的角色、自己的台词，无论好还是坏。生活总在继续，我们只有努力演好自己的角色，不必为任何人而改变自己。花儿不为谁喜爱，只为一季的盛开；大海不为谁喝彩，只为心灵的澎湃；做人不为谁青睐，只为生命的自在。喜欢的，就去追求；幸福的，就去拥有；在意的，就去珍惜。谁人不被评说，哪事不被议论，做不到人人都喜欢，也无悔无怨；不可能事事都周全，只要尽心尽力。我们可以走别人的路，却不能吃别人剩下的饭，勇敢做自己，活出自己的本色，生命才会更精彩。

第三辑 真情真善：爱的荒漠最悲哀

善良敛起来，是冷漠。人世的善良，有点像蜗牛的反应。若是你伸手触了它的身体，它就会迅速缩在壳子里，但，还会有探头出来的时候；若是烈日当空暴晒，它就会始终不出来，乃至死。可见，善良偶受伤害，也许只是阵痛。但若是整个社会风气已经容不得善良施行，世界就会变得一片荒凉。问题是，初始的时候，大家觉得，自己不拿出善良来，好像也并不需要别人的善良。但最后会发现，所有的人都活在了风口里，自己已经捂不热自己。多暖的房子，多厚的衣物，也会被尘世冷漠的风凛冽吹彻。

第一辑
了悟痛苦：迷路原为等花开

不要总在痛苦中沉溺，人生处处是风景，生活处处是诗意，何必总留恋那些消逝的记忆。人生就是这样，牵挂着，烦恼着，自由着，限制着。走出一段路程，回头一望，却也生动着，美丽着，有着你爱的人和爱你的人，有着你喜欢的事和需要你做的事，有着牵挂你的人和你牵挂着的人。人这一辈子是短暂的，所以要让自己健康着，开心着，幸福着，偶尔要醉着。

1

不要为凋谢的花惋惜，
花不谢，就结不出果

我们永远也无法看清和看全一个人、一件事，也永远无法包揽所有钟情的感觉和事物。但也许你错过一百件事、一百个人，也许只是为了邂逅某个地方、某些对的人与物。而在此之前，所有的等待与错失都是为了有朝一日的相遇。花不谢，果是结不出来的，不要为凋谢的花惋惜，而要为以后的果实感到庆幸。

想要的太多，往往得到的却很少

　　A 姑娘问闺密："为什么我一直感觉不到快乐呢？你看，研也上了，如意郎君也找到了，爸妈身体也很健康。为什么我总是觉得缺点什么呢？"

　　闺密问："你现在是不是觉得钱再多一点就好了？"

　　答："是。"

　　又问："你们是不是经常在一起琢磨，以后要买套海景房，买辆敞篷跑车？"

　　答："是。"

　　再问："你是不是经常担心男朋友在外面拈花惹草，即使是很正常的异性接触，你也会心生醋意？"

　　还是答："是。"

　　闺密最后说："那么，等你们有了票子、车子、房子、孩子以后，还是感觉不到快乐。因为你们还想要更好的房子、车子，还是会担心对方有外遇，你们还希望孩子能考上名牌大学出人头地。人，永远不会知足。"

　　是的，人永远不会知足，也不该彻底知足，因为人生会停滞，但我们对欲望应该有所控制。

我们的生活就好像是一杯白开水，一开始，杯子里的水清澈透明，不仅没有颜色，而且没有味道，这对于任何人来说都是一样的，在接下来的时间里，我们就可以任意地加糖、加盐，只要你喜欢。于是，便有许多人无谓地往杯子里面添加各种作料，最后，喝到嘴里的水却总是会带有一种苦涩的味道。

那时他还年轻，凡事都有可能，世界就在他的面前。

一个清晨，上帝来到他的身边："你有什么心愿吗？说出来，我都可以为你实现，你是我的宠儿。但要记住，你只能说一个。"

"可是，"他不甘心说，"我有许多心愿啊。"

上帝摇头："世间美好的东西实在太多，但生命有限，没有人可以得到全部，有选择就要有放弃。来吧，慎重地选择，永不后悔。"

他惊讶："我会后悔吗？"

上帝说："这没人知道。选择爱情就要忍受情感的煎熬；选择智慧就意味着痛苦和寂寞；选择财富就有钱财带来的麻烦……这世上有太多的人在选择一条路以后，懊悔自己没有走另一条路。仔细想想，你这一生真正想要的到底是什么？"

他想了又想，所有的渴望都纷沓而至，在他的周围飞舞——哪一件是不能舍弃的呢？最后，他对上帝说："让我想想，让我再想想。"

上帝应允："但是要快一点啊，我的孩子。"

此后，他一直在不断地比较和权衡，他用生命中一半时间来

列表，用另一半的时间来撕毁这张表，因为他总发现自己有所遗漏。

一天又一天，一年又一年，他不再年轻，他老了，更老了。上帝又来到他的面前："我的孩子，你还没有决定心愿吗？可你的生命只剩下 5 分钟了。"

"什么？"他惊叫道，"这么多年，我没有享受过爱情的快乐，没有积累过财富，没有得到过智慧，我想要的一切都没有得到。上帝啊，你怎么能在这个时候带走我的生命呢？"

5 分钟后，无论他怎么痛哭求情，上帝还是满脸无奈地带走了他。

在世上有很多人，他们的一生都是在思索、选择中度过，而不是确切地去执行某一个选择。人生无处不在选择，既然无法拥有一切，那就会有取有舍；若要贪全，恐怕最后只能是一无所得。

其实就算是你可以拥有整个世界，你一天也不过是吃三餐。这就是人生思索之后的一种醒悟，谁懂得其中的含义，谁就会过得轻松，活得自在。知足常乐，睡得安稳，走路自然也就会踏实，回首往事也就不会存在遗憾了。

所以，不论是喜欢一样东西也好，或者是喜欢一个位置也好，与其让自己负累，倒不如轻松去面对，无论是放弃或者是离开，都会让你学会平静。人生是非常短暂的，我们纵然身在陋巷，也应享受每一刻美好的时光。

错过了美丽，收获的未必是遗憾

生活中有一种痛苦叫错过。人生中一些极美、极珍贵的东西，常常与我们失之交臂，这时的我们总会因为错过美好而感到遗憾和痛苦。

可是，痛苦又能怎样？

我们匆匆行走于这个世界时，是否可以将一路的美景尽收眼底？是否可以将一切好的东西都收归己有？不，不可能，甚至大多数的时候我们只能与其擦肩而过。于是，人们便开始长吁短叹、大呼遗憾了。

然而，遗憾又能奈何？徒增伤感而已。

为了强求一样东西而令自己身心俱疲，这很不划算，况且有些东西一旦你得到以后，日子一久就会发现，它或许并不如想象中的美好。如果你再发现你失去的比得到的东西更珍贵，那滋味更是难以言表。

在这个世界上，我们想要的东西有很多，我们应该去争取，但不要去强求。况且，得到了未必就好，而错过了未必就没有收获。

美国的哈佛大学要在中国招一名学生，这名学生的所有费用由美国政府全额提供。初试结束了，有30名学生成为候选人。

考试结束后的第10天，是面试的日子。30名学生及其家长云集锦江饭店等待面试。当主考官劳伦斯·金出现在饭店的大厅时，一下子被大家围了起来，他们用流利的英语向他问候，有的甚至还迫不及待地向他做自我介绍。这时，只有一名学生，由于起身晚了一步，没来得及围上去，等他想接近主考官时，主考官的周围已经是水泄不通了，根本没有插空而入的可能。

于是他错过了接近主考官的大好机会，他觉得自己也许已经错过了机会，于是有些懊丧起来。正在这时，他看见一个外国女人有些落寞地站在大厅一角，目光茫然地望着窗外，他想，身在异国的她是不是遇到了什么麻烦，不知自己能不能帮上忙。于是他走过去，彬彬有礼地和她打招呼，然后向她做了自我介绍，最后他问道："夫人，您有什么需要我帮助的吗？"接下来两个人聊得非常投机。

后来这名学生被劳伦斯·金选中了，在30名候选人中，他的成绩并不是最好的，而且面试之前他错过了跟主考官交流的最佳机会，但是他却无心插柳柳成荫。原来，那位异国女子正是劳伦斯·金的夫人。这件事曾经引起很多人的震动：原来错过了美丽，收获的并不一定是遗憾，有时甚至可能是圆满。

岁月会把拥有变为失去，也会把失去变为拥有。你当年所拥有的，可能今天正在失去，当年未得到的，可能远不如今天你正拥有的。有时候错过正是今后拥有的起点，而有时拥有恰恰是今后失去的理由。

许多的心情，可能只有经历过之后才会懂得，如感情，痛过了之后才会懂得如何保护自己，傻过了之后才会懂得适时的坚持与放弃，在得到与失去的过程中，我们慢慢认识自己，其实生活并不需要这么些无谓的执着，没有什么真的不能割舍的，学会放弃，生活会更容易！

因此，在你感觉到人生处于最困顿的时刻，也不要为错过而惋惜。失去的折磨会带给你意想不到的收获。花朵虽美，但毕竟有凋谢的一天，然而只有花儿凋谢了，才能够结出果实，所以请不要再对花长叹了。别在为错过劳神伤心，我们错过了美丽，收获的却并不一定是遗憾，有时甚至可能是圆满！

有所选择的放弃，是一种量力而行的睿智

或许很多剪辑、很多抉择会令我们痛苦万分，然而这也是由不得人的，背负得太多则必然要失去更多。蓦然回首我们会发现，其实无奈和痛苦、失败和无助，大多来自于过分的执着。其

实，及时地选择放下，反而有可能会得到意外的收获。

印尼大海啸时，发生了这样一个故事：

一位年轻妈妈，独自带着7岁的长子以及3岁的幼子在海滩上玩耍。

突然之间，地动山摇、天崩地裂，由于地壳运动引发的大海啸，在毫无征兆的情况下，将母子三人卷入海浪之中。

妈妈紧紧拉住两个孩子的手，心中万分焦急。

"怎么办？若不放手，三个人将无一生还！"情况紧急，已不容多想，年轻妈妈痛苦地闭上了眼睛……

这位妈妈最终含着泪放弃了7岁的长子。

然而，奇迹发生了！在人们的救助下，她的长子竟然也逃过了这场灾难，一家人终于又能幸福地生活在一起了。

有所选择的放弃，是一种量力而行的睿智，是一种顾全大局的体现。在人生这部鸿篇巨制中，我们是自己唯一的导演，唯有懂得如何去选择，如何去剪辑，最终它才能够完美谢幕。

主动放弃局部利益而保全整体利益是最明智的选择。智者曰："两弊相衡取其轻，两利相权取其重。"趋利避害，这也正是放弃的实质。

2003年4月26日，27岁的李斯金一个人来到犹他州蓝约翰峡谷登山。蓝约翰峡谷位于犹他州东南部，人迹罕至，风景秀美。李斯金在攀过一道3英尺宽的狭缝时，一块巨大的石头挡住了去路。李斯金试图将这块巨石推开，巨石摇晃了一下，猛地向下一滑，将李斯金的右手和前臂压在了旁边的石壁上。

忍着钻心的剧痛，李斯金使劲用左手推巨石，希望能将手臂抽出来，然而石头仿佛生了根一般纹丝不动。在做了无数次努力之后，精疲力竭的李斯金终于明白，单凭自己一个人的力量绝不可能推动巨石，只能保存精力等待救援了。

然而，在接下来的几天里，别说是人，就连鸟也没飞过一只，他就这样吊在悬崖上。没有食物，李斯金每天只能喝水。当壶中的最后一滴水也被他喝光时，饥肠辘辘、浑身无力的李斯金终于明白，他所在的地方太过偏僻，即使有人为他的失踪而报警，救援人员也不可能找到这个地方。再等下去只能是死路一条，想活命的话只能靠自己了。

李斯金心里清楚，把自己从巨石下解救出来的唯一办法就是断臂。而除了简单的急救包扎，他并不知道如何进行外科自救。于是，他清理了一下手头的工具——一把8厘米长的折叠刀和一个急救包，没有麻醉剂，没有止疼片，没有止血药，超常的疼痛和所冒的风险可想而知，不过李斯金已经别无选择了。由于刀子过钝，在难以形容的疼痛和失血的半昏迷状态下，李斯金先折断了前臂的桡骨，几分钟后又折断了尺骨……整个过程大约持续了一个小时。

由于大量失血，李斯金近乎昏厥，然而他仍坚持着从身旁的急救箱中取出杀菌膏、绷带等物，给自己被切断的右臂做紧急止血处理。李斯金甚至还想把断臂从巨石下取出来。流血止住后，李斯金决定徒步走出峡谷。被困之处是一个陡峭的岩壁，距峡谷底部有25米的高度，上来容易下去难，尤其是在刚切断一只手

臂之后。不过这没有难住他，他用登山锚将一根绳子固定在岩壁上，用左手抓住绳子，顺着岩壁滑下去。

在下山的路上，李斯金看到了他的山地自行车，但他根本不可能骑着它下山了。在跌跌撞撞走了大约7英里后，两名旅游者发现了血人一般的李斯金，明白发生了什么事后，他们赶紧报警。不久后，一架救援直升机赶到，将李斯金送到最近的医院。

当直升机到达莫阿布市的艾伦纪念医院时，李斯金居然谢绝别人的帮助，自己走进急救室。这个坚强的人随后被送到圣玛丽医院。

参加救援行动的米奇·维特里驾驶直升机再次飞回蓝约翰峡谷，希望找回李金斯被截去的半条手臂，也许医生还可以为李斯金重新进行接肢手术。然而，当维特里找到那块石头时，他发现石头实在是太重了，根本无法撼动。

事实上，在李斯金失踪4天之后，他所在的登山车公司的老板便向警方报了警，警方的直升机也在附近进行了搜寻，但警方从空中根本不可能发现他被困的地方。他能活下来，完全是因为他有强烈的求生欲望。

从生存的勇气到断臂自救的方式，李斯金给人类的启示是多方面的，其中最重要的一点就是在人生紧要处，在决定前途命运的关键时刻，我们不能犹豫不决，不能徘徊彷徨，而必须敢于决断，敢于放弃。放弃有时就是一种珍惜，放弃了一棵树木，我们却能够得到一片森林。

什么都不舍得丢掉，结果可能什么都做不好

有的时候放弃并不意味着失败，而是对生命的过滤，对心灵的洗礼，对自己的重新认识。在我们的一生当中，需要完成的事情有很多，但是我们的精力毕竟是有限的，当面临一些选择的时候，就应该学会放弃。人生不仅要有所为，也应该要有所不为。而只有当我们舍弃了一些东西之后，我们的精力才能够更集中于必要的事情上。

在企业管理界流传着这样一个故事：在某年第一季度工作总结报告会上，轮到公司事业部某经理汇报，该经理兴致勃勃地讲道："一季度原计划开店70家，最终开店110家，超额完成任务。"总裁听着听着皱起了眉头。"这叫严重超标，是很不好的工作习惯。"总裁直言不讳。原以为会得到表扬，换来的却是批评，事业部经理很委屈。他想不通，这么好的成绩却遭到责备。正欲争辩，总裁迅速接上刚才的话茬，语重心长地说："你想想，你超标那么多，你的管理、物流和人员跟得上吗？如果不能保证质量，不仅不会形成有效的市场规模效益，反而打乱了原有的平衡，捡了芝麻丢了西瓜。盲目开店的结果只会是开一家，死一

家，做了无用功。这就好比一对夫妇原来只要一个孩子，可却生了三胞胎，对他们来说这绝对是件哭笑不得的事，家里一下子变成了5口人，人多是热闹了，但抚养不起啊。"善于打比方的总裁循循善诱。"记住，合适才是最好的！"总裁最后强调。道理虽然简单，但这个注重合适的平衡之术确实让他的部下好好思量了一番。

合适的才是最好的，做什么事情都一样，多大的脚穿多大的鞋，小脚穿大鞋走起路来肯定不方便。什么都不舍得丢掉，结果可能什么都做不好。

人生恰如一杯清茶，舍得才知其清甜，放下才闻其香郁！懂得放下就懂得生活，懂得生活必定玩转人生。人生就如放飞气球，舍得才知其自由，放下才感其奔放！

有的时候，选择放弃恰恰是为了更好地获得，当我们放弃了手中的玫瑰，我们才能够去摘取娇艳的牡丹；当我们倒掉了杯中剩余的水之后，我们才能够盛入更多的新水；当我们舍弃了心中的烦恼的时候，我们才能为快乐腾出心灵的空间。现代社会竞争如此激烈，我们只有舍弃糟粕，才能够获得精华，更好地显示出自己的杰出。

如果一直坚持错的，永远不会遇到对的

很多时候我们都要作出艰难的抉择，这并不是问题，因为在一次又一次的抉择中，我们的人生观、价值观才日趋成熟起来。问题是：到底怎样选择才是对的？什么又是错的？哪些东西我们应该放弃，而哪些东西我们又该坚持呢？

说说坚持这个问题吧。首先要肯定的是，坚持这种精神是没错的。老话说"只要功夫深，铁杵磨成针"，讲的就是这个道理。但不要忽略这样一个前提，要想"磨成针"，你必须是合适的材料——铁杵或是其他金属材质。如果是一根木棍，到最后磨成的就只能是棒球棒、擀面杖一类的物品。所以在坚持的时候，我们应该好好审视一下自己，问自己一句："我到底是不是这块料？"如果不是，就不要坚持把自己"磨成针"，做一个结实的"棒球棒"才更能体现你的价值。

张曼玉是当今世界上著名的华人演艺明星。而过去，她在成长的道路上，却曾经为错误的坚持付出过惨重的代价。

刚进入演艺圈的时候，她还是个少女。那时，她只想在银

015

幕上扮靓，只肯演妩媚动人的少女。演了几部电影之后，却没有得到预期的效果，观众不认可她的妩媚，不认可她演美貌少女时的表演。这个时候，圈里的人就劝她，以她的形象、她的演技，应该有很大的发挥余地，如果试试别的角色，也许会取得成功。

这个建议本来是很好的建议，可那时，张曼玉很相信自己的演技，也相信自己的相貌，相信自己的青春。于是，她固执己见，继续演少女。这样又演了几部戏，结果，还是没有取得她预期的成功。

屡遭挫折之后，她终于放弃了那些无意义的坚持，决定改变戏路。于是，一个接一个全新的角色就出现了。从《新龙门客栈》里的老板娘，到《宋庆龄》里的宋庆龄；从《一门喜事》里的新娘子，到《甜蜜蜜》里的打工妹；从《济公》里的放荡妓女，到《青蛇》里的可爱青蛇，她角色多变，演技出色。张曼玉终于成功了。

这些角色的出演，给张曼玉带来了巨大的声誉，她曾五次获得香港电影金像奖最佳女主角奖。可以说，她获得了最辉煌的成功。而这些成功，当然得归功于她及时放弃了那些无意义的坚持。

如果放错了地方，宝物也会变成废物；如果地方对了，木头也有不可替代的价值。假若你所做的事符合自己的目标，并且符合自己的性格，能够发挥自己的优势，那么，困难对你而言就只是浮云，把自己的梦想坚持下去，你会得到自己想要的。

如果说这个目标本身是错的，你却仍要奋力向前，而且意志坚定、态度坚决，那么，由此导致的负面后果，恐怕比没有目标更为可怕。

不一定要永远争第一

在现实生活当中，争夺第一的价值观往往会影响我们的幸福观。人生不是竞技体育，所以，不要永远去争第一。天外有天，人外有人，我们怎么可能永远都比别人强大？争第一真的是太不容易了，它要付出比别人多好多的代价，一直这样，我们能够忍受吗？

有进取心显然是好的，这其实是一种积极向上的表现。但是始终都抱着争第一的心态，就会让我们不满足现状，会让我们在不断地失落当中走向怨恨。我们在年轻的时候血气方刚，斗志昂扬，总认为我们所梦想的东西离自己很近。其实，无论我们如何努力，总有一些东西是我们争取不到的。

美国曾经有一家租车公司，长期以来一直居于行业的第二位，距离市场占有率第一名的租车公司有很大的一段距离，而后

面的竞争者更是强者如云，当发现公司的业绩不断下滑，公司聘请了奚得先生做总裁，他在当时有着"经营之神"的美称。到任之后，他对公司内部进行了大刀阔斧的改革。

要提高业绩，最主要的还是要加大公司的宣传力度。广告大师彭巴克先生建议：广告要坦白直率地告诉大家——我在租车业中排名第二；因为是第二，所以我们更要努力。

奚得先生经过考虑，最后接受了这则广告的建议，而且所有的车上都贴满了奚得先生的电话，如果租车者发现车子不够清洁、有烟蒂等情况，就可以直接打电话给他，因为"我们是第二，所以要更努力"。

不久之后，这家租车公司的业绩快速上升，市场占有率愈来愈接近第一名。尽管这样，他们还是以第二自称，因为第二代表的不仅仅只是名次，而是他们努力的形象。一个不断努力改进自己的企业，又怎么能够不受到客户的欢迎呢？我们不要把成长看成是40米、400米、4000米的赛跑，而是马拉松赛跑，不要太看重某个时期的领先还是落后，不要总去争第一。第二自然有第二的好处，我们会因为第二而更清楚自己的不足和缺点，更清醒、更周全地看待我们人生当中所发生的事情。

在许多时候，因为对生活还有过多的期望，所以我们在没有遇到来自事业，或者情感的挫折的时候也难解内心的失意情绪。第一永远只有一个，总是与别人比高低，总有一天会有被比下去的挫折感。

曾经获得世界冠军的美国拳击手杰克，他在每次比赛之前都必须先安静地祷告一会儿。

一个朋友曾经问他："你在祈祷自己打赢这一场比赛吗？"

他摇摇头，说："如果我祈祷自己打赢，而我的对手也祈祷打赢，那么这样会让上帝非常难办的。"

朋友很奇怪："那你到底在祈祷什么呢？"

杰克说："我只是在祈求上帝能够让我打得漂漂亮亮的，最好让我们谁都不要受伤。"

记得曾经有人说过这样一句话，如果有一样东西，只要人们跳一跳就够得到，那就去够吧，这叫作努力，叫作进取；如果跳起来都不可能够到，那么就别费劲了，因为你无论怎样努力地跳高还是够不着的，超出能力去做事这就叫勉为其难。

生命其实是一个丰富多彩的过程，我们要善于接受生活当中存在的不完美。成功并不是说一定要争得第一。

人们不可能在各个方面都争取第一，只要能战胜自己，就应该为自己喝彩。生活中有角逐和竞争，但是生活的目的却不是为了角逐和竞争，而是追求属于自己的独一无二的人生价值。

能做到失中求悟，便可以失中有得

失，不管是失落还是失意，无论是失利还是失败，总之沾了这个"失"字的事情，往往都让人很不舒服，甚至会因此产生莫大的悲哀。

然而，其实"失"或许并不值得沮丧，失去，也意味着新的获得。生活的辩证法告诉我们：有所得必有所失，有所失必有所得。只要我们真正悟透这个道理，当"失"不期而至的时候，能做到失中求悟，便可以失中有得。

李怀军是一个很有事业心的人，他在一家业务公司跟着老板一干就是5年，从一个普通员工一直做到了分公司的总经理职位。在这5年里，公司逐渐成为同行业中的佼佼者，李怀军也为公司付出了许多，他很希望通过自己的努力让企业发展得更快、更好。然而就在他兢兢业业拼命工作的时候，李怀军发现老板变了，变得不思进取、独断专行，对自己也渐渐地不信任，许多做法都让人难以理解，而李怀军自己也找不到昔日干事业的感觉了。

同样，老板也看李怀军不顺眼，说李怀军的举动使公司的工作进展不顺利，有点碍手碍脚。不久，老板把李怀军解雇了。

从公司出来后，李怀军并没有气馁，他对自己的工作能力还是充满了信心。不久，李怀军发现有一家大型企业正在招聘一名业务经理，于是将自己的简历寄给了这家企业，没过几天他就接到面试通知，然后便是和老总面谈，最终顺利得到了这一职位。工作了大约一个月时间，李怀军觉得自己十分欣赏该公司总经理的气魄和工作能力。同时，他也感到总经理同样十分赏识他的才华与能力。在工作之余，总经理经常约他一起去游泳、打保龄球或者参加一些商务酒会。

在工作中，李怀军感觉公司的企业标志设计得相当烦琐，虽然有美感，但却缺乏应有的视觉冲击力，便大胆地向总经理提出更换图标的建议。没想到总经理也早有此意，就把这件事安排给他。为了把这项工作做好，李怀军亲自求助于图标设计方面的专业人士，从他们提供的作品中选出了比较满意的一件。当他把设计方案交给总经理的时候，总经理大加赞赏，立马升李怀军为公司副总，薪水增加一倍。

谁也不能说自己的工作就是个"铁饭碗"，在竞争激烈的今天，失业这种事可能随时会出现。有很多人因此痛苦不堪，其实未免小题大做。你要是有能耐，处处都是你发挥的舞台。何况，失业本身也不见得就是一件坏事，就像李怀军一样，很多人正是由于失去工作之后，才发现了自己更大的潜力，从而使自己获得了一个更广阔的发展空间。

人这辈子，谁也离不开得与失的纠缠，谁也躲不开得与失这两股冷热风的侵袭，谁也绕不开对得与失的选择。那么，你就要让自己的思想意识和大道保持一致，合于道的成果要乐于得到，不合于道的事物要乐于抛弃。乐于得亦要乐于失，因为有失才能有得。得与失的关系是相辅相成的。

2

人的生命就像这琴弦，
拉紧了才能弹得好

　　每一个温暖而淡然的当下，都有一个悲伤而不安的曾经。很多的委屈从说不得，变成了不必说。你曾以为有些事，不说是个结，揭开是块疤，可当多年后你揭开疤，也许会发现那里早已开出一朵花。对于生命而言，痛苦的时候，正是成长的时候，对于事业而言，只有流过血的手指，才能弹出人世间的绝唱。

痛苦的时候，才是成长的时候

我们深有体会，这个世界上，不是所有的事情都能令人满意，一些必要的挫折会帮助我们长大，痛苦是成长的必然经历，经历过痛苦的蜕变我们的人生才会更加绚丽。

无论你多么不愿意，人生之路就摆在那里，布满了坎坷和荆棘，生活的味道必然酸甜苦辣一应俱全，这一切都需要你去跨越，我们每越过一条沟坎就是一种人生，所经历的挫折、磨难、困惑就是人生的过程。人生百味，缺少哪一种味道都不完整，每一种味道我们都要亲自去品尝，没人可以替代。

其实人生的苦味多于甜味，一个人的降生便是从痛苦开始，而一个人生命的结束，多少也带着些许痛苦。人这一生，就是不断与痛苦抗争的过程；人生的意义，就在于从与痛苦的抗争中寻找快乐。

是痛苦还是快乐，全在你心的裁决。再重的担子，笑着也是挑，哭着也是挑，再不顺的生活，微笑着撑过去了，就是胜利。承受，不仅要靠身体，更要靠心力。人生何时承受不起，便开始输了。

曾看到这样一则故事：

有个人凑巧看到树上有一只茧开始活动，好像有蛾要从里面破茧而出，于是他饶有兴趣地准备见识一下由蛹变蛾的过程。

但随着时间的一点点过去，他变得不耐烦了，只见蛾在茧里奋力挣扎，将茧扭来扭去的，但却一直不能挣脱茧的束缚，似乎是再也不可能破茧而出了。

最后，他的耐心用尽，就用一把小剪刀，把茧上的丝剪了一个小洞，让蛾出来可以容易一些。果然，不一会儿，蛾就从茧里很容易地爬了出来，但是它的身体非常臃肿，翅膀也异常萎缩，耷拉在两边伸展不起来。

他等着蛾飞起来，但那只蛾却只是跌跌撞撞地爬着，怎么也飞不起来，过了一会儿，它就死了。

飞蛾在由蛹变茧时，翅膀萎缩，十分柔软；在破茧而出时，必须要经过一番痛苦的挣扎，身体中的体液才能流到翅膀上去，翅膀才能充实有力，才能支持它在空中飞翔。其实它痛苦的时候，也正是成长的时候，只是被那个无知的人无情地剥夺，造成了生命的脆弱。其实我们的人生也是如此，任何一种生存技能的锤炼，都需要经历一个艰苦的过程，任何妄图投机取巧减少努力的行为都是缺乏短见的，人世之事，瓜熟才能蒂落，水到才能渠成，与飞蛾一样，人的成长必须经历痛苦挣扎，直到双翅强壮后，才可以振翅高飞。

现在你看到了，人生可不是那么容易，总要经历各种各样的磨难和逼迫或者诱惑，不过怎样？它们终究杀不了你，反倒会使

你变得更坚强，所以感谢给你苦难的一切吧，感激我们的失去与获得，学会理智，学会释怀，不要消沉于痛苦之中不能自拔，更不能让你爱的人和爱你的人为你担心，因你痛苦。痛苦不过是成长中必然经历的一个过程，如果你没有走出痛苦，那是因为你还没有成熟。

其实翻看一下成功人物的奋斗史你就会发现，每一个优秀的人，都有一段沉寂的时光。那一段时光，他们付出了多少努力，忍受了多少孤寂，个中心酸只有他们自己知道。可当日后说起时，甚至他们自己都会为之感动。透过这些你便会懂得，成长的过程，必然要伴随着一些阵痛，这是高大和健壮的前奏。我们要学着与痛苦共舞，这样我们才能看清造成痛苦来源的本质，明白内在真相。更重要的是，它能让我们学到该学的功课。

草木不经风霜，则生意不固

有人说过，人的脸形就是一个"苦"字，天生就该受尽各种苦难。此言不谬。想人的一生，在自己的哭声中临世，在亲人的哭声中辞世，中间百十年的生活，无时无刻不在与艰巨、困苦、疾病、灾害打交道。

苦难，就像是人的影子，从生到死悄然地跟随在我们身边。不知道什么时候，它就会悄然伸出一只手，将人推倒在地，然后幸灾乐祸地看着你。而你，要么惊慌失措，让苦难得意扬扬；要么马上站起来，抛给苦难一个不屑的眼神。但苦难也会重新陪着你，企图下一次在你不注意的时候，再次让你跌倒。

被苦难推倒的时候，那滋味的确不好受，有时它就像是一座巨山，压得你喘不过气来。我们多少次诅咒这苦难，希望它一去不复返，然而现实总是与愿望背道而驰。所以，你只能学着接受苦难。其实，如果一生都泡在蜜罐里，你是感觉不到甜蜜的。正是因为有了苦味，我们才知道守候与珍惜：守候平淡与宁静，珍惜活着的时光。人这一生，有些苦是必须要吃的，今天不苦学，少了精神的滋养，注定了明天的空虚；今天不苦练，少了技能的支撑，注定了明天的落魄。所以即使再苦再难也要笑着走下去，这是我们成长中所必须经历的坎儿，跨过它，就会感悟到生命不一样的精彩。

有一年，上帝看见农民种的麦子长势喜人，觉得很开心。农夫见到上帝却说："五十年来我没有一天结束祈祷，祈祷年年不要有风雨、冰雹，不要有干旱、虫灾。可无论我怎样祈祷总不能如愿。"这时，农夫忽然吻着上帝的脚说："我全能的主呀！您可不可以明年承诺我的恳求，只要一年的时光，不要大风雨，不要烈日干旱，不要有虫灾？"

上帝说："好吧，明年必定如你所愿。"

第二年，由于没有狂风暴雨、烈日与虫灾，农民的田里果然

结出很多麦穗，比往年的多了一倍，农民高兴不已。可等到秋天的时候，农夫却发现所有的麦穗竟全是瘪瘪的，没有什么好籽粒。农夫含泪问上帝，说："这是怎么回事？"

上帝告诉他："由于你的麦穗避开了所有的考验，才变成这样。"

一粒麦子，尚且离不开风雨、干旱、烈日、虫灾等挫折的考验，对于一个人，更是如此。

"草木不经风霜，则生意不固；吾人不经忧患，则德慧不成。"近代哲人沈近思如是说。生命中难免有暗夜，然而只要我们心怀阳光，坚强地面对，一定会发现，生命中的每一次苦难对于我们而言都是那么地富有深意。

忍别人所不能忍的痛，
是为了收获别人得不到的收获

英国劳埃德保险公司曾从拍卖市场买下一艘船，这艘船 1894 年下水，在大西洋上曾 138 次遭遇冰山，116 次触礁，13 次起火，207 次被风暴扭断桅杆，然而它从没有沉没过。

劳埃德保险公司基于它不可思议的经历及在保费方面所带来

的可观收益，最后决定把它从荷兰买回来捐给国家。现在这艘船就停泊在英国萨伦港的国家船舶博物馆里。

不过，使这艘船名扬天下的却是一名来此观光的律师。当时，他刚打输了一场官司，委托人也于不久前自杀了。尽管这不是他的第一次失败辩护，也不是他遇到的第一例自杀事件，然而，每当遇到这样的事情，他总有一种负罪感。他不知该怎样安慰这些在生意场上遭受了不幸的人。

当他在萨伦船舶博物馆看到这艘船时，忽然有一种想法，为什么不让他们来参观参观这艘船呢？于是，他就把这艘船的历史抄下来和这艘船的照片一起挂在他的律师事务所里，每当商界的委托人请他辩护，无论输赢，他都建议他们去看看这艘船。

它使我们知道：在大海上航行的船没有不带伤的。

虽然屡遭挫折，却能够坚强地百折不挠地挺住，这就是成功的秘密。

人生总有磨难重重，我们谁也别想逃掉，是深是浅都要过，是苦是甜都要喝。苦难其实并不可怕，挫折也无妨，一切希望都并非没有烦恼，而一切逆境也绝非没有希望。最美的刺绣是以明丽的花朵映衬于暗淡的背景，而绝不是以暗淡的花朵映衬于明丽的背景。人的美德犹如名贵的香料，在烈火焚烧中会散发出最浓郁的芳香。正如恶劣的品质可以在幸福中暴露一样，最美好的品质也正是在逆境中被显现的。

有一个小男孩，因为疾病而导致左脸局部麻痹，嘴角畸形，相貌丑陋，还有一只耳朵失聪。

他讲话时不仅嘴巴总是歪向一边，而且还有口吃。为了矫正自己的口吃，小男孩模仿古代一位著名的演说家，嘴里含着小石子苦练讲话。母亲看到儿子的嘴巴和舌头都被石子磨破了，流着眼泪心疼地说："不要练了，妈妈照顾你一辈子。懂事的小男孩一边替妈妈擦着眼泪，一边说：'妈妈，您对我说过，每一只漂亮的蝴蝶，都是在经过痛苦的抗争，冲破了茧的束缚之后才变成的。我就是要在苦练中变成一只美丽的蝴蝶。'"

经过日复一日的苦练，小男孩终于能够流利地讲话了。由于他的勤奋和善良，在中学毕业时，他不仅取得了优异成绩，还赢得了同学们的普遍好评。

苍天不负苦心人。1997年，63岁的他勇敢地参加了加拿大全国的总理大选。他的对手居心叵测地利用电视广告夸张他的脸部缺陷。然后写上这样的广告词："你要这样的人来当你的总理吗？"但是，这种极不道德的、带有人格侮辱性质的攻击，引起了大部分选民的愤怒和谴责。他的成长经历被人们知道后，赢得了广大选民极大的同情和尊敬。"我要带领国家和人民成为一只美丽的蝴蝶！"他的这个竞选口号深得人心，使他以高票当选为总理，并在2000年再次获胜。他就是加拿大第一位连任两届的总理让·克雷蒂安，人们亲切地称他是"蝴蝶总理"。

其实，任何不幸、失败与损失，都有可能成为我们的有利因素。生活也真的很公平，它可以将一个人的志气磨尽，也能让一个人出类拔萃，就看你是怎样的一个人。摆在我们面前的其实也无非就那么两条路——要么行尸走肉，要么精彩地活着！当然，这要看你是怎样的一个人。

一个倒霉的开端并不意味着一定是个悲惨的结局，事情的结果终究没有确定，又何苦惶惶不可终日呢？或许，多一点心气、多一点斗志，事情的结果就会大不一样。这世界根本就没有过不去的坎儿。

所以希望那些惧怕磨难的、正经历磨难的、已经准备向磨难妥协的朋友，无论怎样，也不要让自己颓废，不要像玻璃那样脆弱。如果你的眼睛总盯着自己，就会长不高，也看不远；总是喜欢怨天尤人，也会使别人无比厌烦。没有苦中苦，哪来甜中甜？不要像玻璃那样脆弱，而应像水晶一样透明，太阳一样辉煌，腊梅一样坚强。既然我们想要睁开眼睛享受风中的清凉，就不要再害怕风中细小的微沙。

无数寂寞而痛苦的黑夜，成就了无数颗明星

《圣经》中有这么一段话：人啊！你为何跃跃欲试？你为什么这样急于求成？你要耐得住寂寞，因为成功的辉煌就隐藏在寂寞的背后。

在《人间词话》里，王国维也曾说："古今之成大事者、大

学问者，必经三种境界：第一种境界是'昨夜西风凋碧树。独上高楼，望尽天涯路'；第二种境界是'衣带渐宽终不悔，为伊消得人憔悴'；最后一种境界是'众里寻他千百度，蓦然回首，那人却在灯火阑珊处'。"这三种境界的含义分别是：

第一境界是一个迷茫的阶段：昨夜西风凋碧树。独上高楼，望尽天涯路。说的是做学问、成大事业者，首先要有执着的追求，登高望远，瞰察路径，明确目标与方向，了解事物的概貌。这也是人生寂寞迷茫、独自寻找目标的阶段。

第二境界是一个执着的阶段："衣带渐宽终不悔，为伊消得人憔悴"，作者以此两句来比喻成大事者、大学问者，不是轻而易举就能得到的，必须有着坚定的信念，然后经过一番拼搏奋斗、辛劳努力、坚持不懈，直至人瘦带宽也不后悔，才能取得成功。这也是人生的孤独追求阶段。

第三境界是一个返璞归真的阶段："众里寻他千百度，蓦然回首，那人却在灯火阑珊处"。这第三种境界是说，做学问、成大事者，必须有执着专注的精神，反复追寻、研究，经过千辛万苦地探索之后，自然会豁然贯通，有所发现。这也是人生的实现目标阶段。

由此可见，要想获得成功，首先要耐得住寂寞，再加上不懈的努力和坚持，才能到达自己追求的境界。

在漫漫人生中，寂寞总是如影随形，它如同喜怒哀乐一样，时刻伴随着我们。要正确对待寂寞，耐得住寂寞，其实很简单，关键就取决于我们对寂寞的认识和追求成功的动机。

如果一个人胸无大志、平庸堕落，他自然是耐不住寂寞的；假如你有着高尚的思想境界，有着追求事业的良好心态，就能够在纷繁复杂的生活中告别"声色犬马"，走出浮躁喧嚣的世界，真正静下心来，踏踏实实地干好工作，认认真真地做好事业。

只有耐得住寂寞考验的人，才会让精神灵魂在独处中得到升华，学会享受寂寞，在寂寞中创出自己的一番成绩。

王国维也曾经徘徊在寂寞的旅途中，1912 年，他与罗振玉一起住在京都的乡下，用了六七年的时间，王国维系统地阅读了罗振玉大云书库的藏书，那段时间，他几乎与世隔绝。正是有了这六七年的寂寞，让他最后实现了自己的成功和辉煌。

郭沫若在甲骨文、金文方面的成就，也是得益于他 1928 年至 1937 年在日本的近十年苦读。如果没有这些年的寂寞，他又怎么会实现自己的辉煌成就呢？

路遥在介绍他的《平凡的世界》的创作过程时，这样写道，无论是汗流浃背的夏天，还是瑟瑟发抖的寒冬，白天黑夜泡在书中，精神状态完全变成一个准备高考的高中生，或者成了一个纯粹的"书呆子"。所以说，路遥也曾经寂寞过，今天他的灿烂离不开曾经的寂寞。寂寞之后，才能够实现自己的成功。

寂寞有的时候就像是一盏明灯，当你在灯光底下的时候，你往往感受到的是刺眼的强光，你根本找不到值得你去留恋的东西，因为这缕强光往往会影响到你的心情。如果在这个时候你不知道该怎么走，不妨停下来，在灯光下思索一下，最终你会发现自己前方的路。最终，你会发现自己已经走出了一条属于自己的

路，最终也实现了自己的价值。

　　不管伟人或者是有志之士怎样成功，他们都要经历一个阶段，那就是寂寞。他们往往会沉浸在寂寞中，从而沉淀自己，最终，一鸣惊人。所以说不管在什么时候，都要知道灿烂的表现是成功，实质则是无数个寂寞的黑夜。

你若在患难之日胆怯，
你的力量就将变得微不足道

　　人们经常把失败与痛苦联系在一起，其实并非如此。失败恰是迎接成功到来的前夜，是铺就成功之路的基石。失败与成功的关系，就像是度过了黑暗才能迎来黎明一样。经历失败洗涤的人，如果不是被失败湮灭，而是不骄不躁地承受，迎来的必将是黎明的曙光。

　　没有一个成功的人，在寻梦的时候是一帆风顺的，只有经历了挫折，才能够创造出属于自己的奇迹。作家刘墉说过这样的话："年轻人要过一段'潜水艇'似的生活，先短暂隐形，找寻目标，积蓄能量，日后方能毫无所惧，成功地'浮出水面'。"而这里所讲的短暂隐形，无非就是在"时不利我"的日子中让自己得到沉淀，沉淀出属于自己的能量，最终让自己实现自己的目标。

爱迪生出身低微，他的"学历"是只上过3个月的小学，老师因为总被他古怪的问题问得张口结舌，竟然当着他母亲的面说他是个傻瓜，将来不会有什么出息。母亲一气之下让他退学，由她亲自教育。在母亲的指导下，他阅读了大量的书籍，并在家中自己建了一个小实验室。为筹措实验室的必要开支，他只得外出打工，当报童卖报纸。最后用积攒的钱在火车上的行李车厢建了个小实验室，继续做化学实验研究。有一天，化学药品起火，几乎把这个车厢烧掉。暴怒的列车长把爱迪生的实验设备都扔下车去，还打了他几记耳光，爱迪生因此终生耳聋。

爱迪生虽未受过良好的学校教育，但他凭个人的奋斗和非凡才智获得巨大成功。他以坚韧不拔的毅力，罕有的热情和精力从千万次的失败中站了起来，克服了数不清的困难，成为发明家和企业家。

爱迪生一生取得了1328项发明专利。在他的一生中，平均每15天就有一项新发明，他因此而被誉为"发明大王"。

1914年12月的一个夜晚，一场大火烧毁了爱迪生的研制工厂，他因此而损失了价值近百万美元的财产。爱迪生安慰伤心至极的妻子说："不要紧，别看我已67岁了，可我并不老。从明天早晨起，一切都将重新开始，我相信没有一个人会老得不能重新开始工作的。灾祸也能给人带来价值，我们所有的错误都被烧掉了，现在我们又可以一切重新开始。"第二天，爱迪生不但开始动工建造新车间，而且又开始发明一种新的灯——一种帮助消防

队员在黑暗中前进的便携式探照灯。火灾对爱迪生而言只是一段小小的插曲而已。

"你若在患难之日胆怯，你的力量就要变得微不足道。"世界上没有永远的冬天，也没有永远的失败。在艰难和不幸的日子里，要保持斗志、信心和忍耐，就拥有了披荆斩棘、所向披靡的利器，这样就必定能征服前行道路上的一切困难，到达成功的目的地。

当你勇敢地面对失败时，你会惊奇地发现，失败原来也是一种收获，是酝酿成功的肥沃土壤。没有失败就无所谓成功，关键是看我们对失败的态度。如果放弃了奋斗、追求的过程，所谓成功和失败就无从谈起。不要为昨天的失败而追悔莫及，也不要为明天的成功而忧心忡忡。

无论是大学者、大演员、大导演，他们的成功都无一例外地经历了等待—寂寞—积累的过程。在为梦想努力的过程中可能会出现许多的困难和难以承受的寂寞，但必须选择坚持。

如果你将失败当作是一种不幸的号叫，那么你听到的只是悲伤，感受到的只是消极。如果你将失败看作激昂的战斗，你就会感知到自己内心存在的强大的力量，这种力量往往会让你得到自己想要得到的，往往会让你实现自己的成功。

温室中的花朵，很少能够得到诗人的垂青；贪图安逸的"懒人"，只能一次又一次被人超越。正如一首歌中唱的那般——"不经历风雨，怎么见彩虹，没有人能随随便便成功"。

很久以前，武夷山上有两块大石，它们相伴千载，看尽人世沧桑、六道轮回。

一天，一块石头对另一块说："不如我们去尘世磨炼磨炼吧，能够体验一下世间的坎坷及磕碰，也不枉来此世一遭。"

后者不屑："何必去受那份苦呢？在此凭高远眺，数不尽的美景尽收眼底，青山翠柏、香茗异草陪伴身旁，何等惬意！再说，这一路碰撞不断、磨难重重，会令我们粉身碎骨的！"

于是，前者晃动身躯，顺山溪滚滚而下，一路左磕右碰，周身伤痕累累，但它依然执着地向前奔波，终入江河，承受着流水与岁月的打磨，终成水中的一道风景。

后者嗤之以鼻，安立于高山之上，看盘古开天辟地时留下的风尘美景，享风花雪月的畅意情怀。

又过千载，前者在尘世的雕琢、锤炼之下，成为稀世珍品、石艺奇葩，受万人瞻仰。后者得知，亦想效仿前者，入尘世接受洗礼，赢得世人赞叹。但每每想到高山上的安逸、享乐，想到尘世的疾苦，想到粉身碎骨的危险，它便不舍了、退却了。

再后来，世人为更好地珍藏石艺奇葩，决定为它及它的同伴建造一座别具一格的博物馆，建筑材料全部用石头，以突出"石"的主题。于是，世人来到武夷山上，将那块贪图安逸、贪图享乐的大石及很多石头砸成碎块，为前者盖起了一座"别墅"。后者痛哭，它终还是粉身碎骨，但碎得未免太不值得。

两块大石，因为选择不同，便有了不一样的命运。前者放弃享乐，甘受风霜洗礼、尘世雕琢，终得功成名就；后者放弃雕琢，沉于安逸，成了一块废料。那么，如果是你，你会放下什么、选择什么？

世界上最坚强的人，也是最寂寞的人

　　每一位成功者，他的身后都有一部奋斗史和一部辛酸史，有了奋斗史和辛酸史作铺垫，才能创造出一部成功史。他们所走的路不是平坦大道，每一步都充满着曲折和坷坎。所以，成功也好，辉煌也罢，都是在艰辛与寂寞中开始的。

　　人生就是一个过程，如果你追求的是结果，那么人生下来就意味着死亡，这样你怎么可能还有奋斗的目标呢？然而，要想实现自己的成功，就要经历成功的考验。在这个过程中，你或许感受到的是痛苦和艰辛，但是回忆起这个过程，你会发现成功的意义所在。所以说辉煌是从寂寞开始的，你要学会享受这种寂寞。

　　美国前第一夫人希拉里·克林顿，被大家一致称为美国历史上最有实权的第一夫人，美国历史上学历最高的第一夫人，美国历史上第一位谋求公职的第一夫人。她是一位富有争议的政治人物。当第一夫人期间，她曾主持一系列改革，也曾参加2008年美国总统选举民主党总统候选人的角逐。当时，希拉里并不是首位参与美国总统大选的女性，但她被普遍认为是美国历史上首位确有可能当选的女性候选人。在奥巴马当选总统之后，提名她出任美国国务卿，她成为美国第三位女国务卿。就是这样一位杰出的政治人物，她也曾不断地对自己说，只有忍受孤独才能最终走向成功。

希拉里·克林顿将自己定位于"孤独的学者"，这里的"孤独"有两个意思。

首先，我们应该知道人是一个独立的个体，只要是个体，那势必会感觉到孤独，也会有孤独的时候。大部分人会认为别人都不孤独，只有自己孤独，其实这是错误的思想，没有人能够摆脱孤独，但是要知道导致你最终坠入空虚和失落的深渊中不能自拔的原因，往往是因为你无法面对自己的孤独。相反，如果承认人生本来就是充满孤独的，心灵就会获得安慰，你就不会有孤独感。其实，孤独没什么不好，起码能够让你认清自己。换一种说法就是，每个人都明白孤独不是专属于自己的，别人也同样如此，也会有孤独感。明白了这一点，那当孤独突然袭来时就不会备感难耐了，也不会对学业和事业产生很大的影响。

其次，孤独一词还有一层意思是自我觉醒。为了避免坠入陷阱之中不能自拔，最好的办法就是时刻提醒自己，激励自己，为自己敲响警钟。在女性身上有一种特有的敏感，这使她们更容易感觉到孤独，于是她们就会采取逛街、聚会、闲聊等方式来减少孤独感。但与此同时，时间长了，逛街、聚会、闲聊等也常会让人上瘾，一上瘾就难以停下来，最重要的是，他们在做这些事

情的时候，往往会浪费大把时间，这样一来，学习能力、思考水平、技术能力等方面就会下降，慢慢地就会被先进的时代所淘汰，成为一个落伍者，这种落后维持的时间长了便会让你最终成为失败者。

孤独并不是你想象的那么可怕，在人生中，孤独是调味剂，可以调出更加适合你的味道。当然，如果你无法享受这个过程，你品尝到的只有辛辣。所以说要学会享受辛勤奋斗的过程，结果才会变得圆满。如果你只是一味地追求结果，那么，最终你得到的也就只是那么一点点的成功，根本不会有更加重要的意义。

曾有这样一则佛家故事，一位大师听众僧论辩风与幡的关系。有人说风动，有人认为是幡动，相持不下。这位大师却是这样说的："既不是风动，也不是幡动，是人们的心在动。"

这里所说的"心动"实际上就是不要"动心"，不管外界事物如何变化，如果你心动了，那么不变也就是在变；如果你没有动心，那么即便外界发生翻天覆地的变化，也与你无关。在滚滚红尘中同样如此，能够有一份超然情怀，视若无物，不为所动，同样是世俗社会难能可贵的品格。综观古今，那些有作为的智者贤者，莫不耐得住寂寞，安于平静，这也正如歌德所言，"真正有才能的人会摸索出自己的道路"。

一个人的时间和精力是有限的，他在追求成功的时候，就意味着必须放弃风花雪月、花前月下的浪漫，放弃闲适安逸的生活，放弃很多常人无法放弃的东西。每个成功者都是一路寂寞走来的，可以说，寂寞是成功的第一站，并始终伴随着追梦者。

寂寞的人生中需要梦想做支撑，当然实现自己的梦想是一个过程，只有付出努力，你才能够感知到这个过程，才能够走向成功。在寂寞中奋斗，让自己的梦想开出美艳的花朵，享受这种幸福，你最终会成功。

苦难往往是经过伪装的幸福

一位老人拿着一把柴刀，使劲地砍路边的一棵歪枣树，口里念念有词："叫你不生枣！"可能有人觉得很好笑，枣树能够听得懂他的话吗？

然而，枣树被砍后，果真来年枝头就结满了枣子。

世上的万物着实有些奇怪，竟然需要遭受一些"惩罚"才能成长，是不是应了那句话："苦难是金"。

自然而完美的高音，唯有帕瓦罗蒂！

他是一个从小生长在十分贫寒家境中的苦孩子，有一个做面食师的父亲，雪茄厂做工人的母亲，但生活的困苦却从未动摇过一个孩子对歌唱的执着。

上完声乐课后的帕瓦罗蒂还要做每个月仅 8 美元的家教，这

对他是杯水车薪。于是他又做保险，却又因此导致声带受损，无法发音。这对于他无异于雪上加霜。疾病几乎令他却步！但他的骨子里却一直涌动着顽强不息的斗志。

　　痊愈后的帕瓦罗蒂开始在意大利一家歌剧院演出。他备受排挤、压制，表演的机会少得可怜，但他始终没有放弃潜心苦练。1963年世界著名指挥家冯·卡拉发现了这个人才。在1970年《军中女郎》的一个咏叹调中，他以一连串爆发9个高音C的奇迹，征服了美国音乐人赫伯特·布莱斯林，同时也征服了世界。一个穷孩子成长为男高音歌唱家，靠的就是与困境进行顽强斗争的精神。

　　弥尔顿有句名言："谁最能忍受苦难，谁的能力就最强。"乘风破浪，顽强拼搏。苦难或许是上帝送给人最好的礼物，通过艰苦磨炼才会产生不屈不挠的人。

　　苦难往往是经过化妆的幸福。"黑暗并不可怕。"一位波斯圣哲说。苦难往往是令人心酸的，但是它是有益于身心的。不屈不挠的人是自信的，他的人生字典里写满成功；不屈不挠的人是刚强的，他总有一个支撑自己的精神支柱。

　　同一种命运，对刚毅的人和懦弱的人会有不同的结局。懦弱的人屈从命运，刚毅的人用不屈不挠的精神改造命运，锻造人生。

　　莎莉·拉斐尔是美国著名的电视节目主持人，曾经两度获奖，在美国、加拿大和英国每天有800万观众收看她的节目。可是她在30年的职业生涯中，却曾被辞退18次。

　　刚开始，美国大陆的无线电台都认定女性主持不能吸引观众，因此没有一家愿意雇用她。她便迁到波多黎哥，苦练西班牙语。有一次，多米尼亚共和国发生暴乱事件，她想去采访，可通讯社拒绝她的申请，于是她自己凑够旅费飞到那里，采访后将报道卖给电台。

　　1981年，她被一家纽约电台辞退，无事可做的时候，她有了一个节目构想。虽然很多家广播公司觉得她的构想不错，但因为她是女性，还是没有公司愿意雇用她。最后她终于说服了一家公司，受到了雇用，但她只能在政治台主持节目。尽管她对政治不熟，但还是勇敢尝试。1982年夏，她的节目终于开播。她充分发挥自己的长处，畅谈7月4日美国国庆对自己的意义，还请观众打来电话互动交流。令人想不到的是，节目很成功，观众非常喜欢她的主持方式，所以她很快成名了。

　　当别人问她成功的经验时，她发自内心地说："我被人辞退了18次，本来大有可能被这些遭遇所吓退，做不成我想做的事情。结果相反，我让它们鞭策我前进。"

　　正是这种不屈不挠的性格使莎莉在逆境中避免了一蹶不振、默默无闻的一生，走向了成功。

只有流过血的手指，才能弹出人世间的绝唱

羁绊、坎坷其实是人生对你的另一种形式的馈赠，刀枪剑戟不过是对你的意志的磨炼与考验，你得明白：大海如果缺少了汹涌的巨浪，就会失去其雄浑壮阔；沙漠如果缺少了狂舞的飞沙，就会失去其狂野壮观；如果维纳斯不是断臂，她又怎么能名扬天下？

中国的"断臂维纳斯"——刘伟你可曾听过？他是 2011 年感动中国十大人物之一。在中国达人秀现场，刘伟空着袖管登上舞台，坐到钢琴前，一曲《梦中的婚礼》响起……曲终，全场起立鼓掌。当评委高晓松问刘伟是怎样做到这一切时，刘伟说了一句："我的人生中只有两条路，要么赶紧死，要么精彩地活着。"

命运跟刘伟开了一个天大的玩笑，它给了刘伟一个美妙的开局，却迅速吹响了终场哨。对刘伟而言，10 岁时的记忆，永远是那么残缺不全，1997 年，10 岁的刘伟因触电意外失去双臂。"怎么触电的？其实我自己是记不起来了，我的这部分记忆已经丢失。"刘伟说，"只记得醒来时，已经彻底失去了双臂。当时我的脑袋一片空白，傻了。"刘伟描述着自己当时的心情。

在医院做康复的那段时间，刘伟遇到了生命中的一位贵人，带给了刘伟截肢后的第一次改变。那是一位同样失去双手的病人，他叫刘京生，北京市残联副主席。他能自己吃饭、刷牙、写字，而且事业上也非常成功，他教了刘伟很多。刘伟很感谢刘京生，因为有着同样的遭遇，刘伟开始向刘京生学习，"如果你一出生就有两个脑袋，别人都觉得很奇怪，怎么有两个脑袋呢？无所适从。但当你遇到一个同样有两个脑袋的人，而且你发现他过得很好，那你肯定会想，他过得好，我也可以。"半年以后，刘伟已经能够自己用脚刷牙、吃饭、写字。

12 岁时，刘伟开始学习游泳，并且进入了北京残疾人游泳队，两年之后，他就在全国残疾人游泳锦标赛上获得了两金一银。北京获得举办奥运会资格以后，刘伟对母亲许下承诺——在 2008 年的残奥会上拿一枚金牌回来！然而，命运仍然是那么的无情，在为奥运会努力做准备时，高强度的体能消耗导致了免疫力的下降，刘伟患上了过敏性紫癜。医生告诉母亲，高压电对于刘伟身体细胞有过严重的伤害，不排除以后患上红斑狼疮或白血病的可能，他必须放弃训练，否则将危及生命。刘伟只能放弃，不能为了比赛，命都不要了吧。

19 岁时，高考临近，刘伟的成绩并不差，但是他的内心却有了疑虑，"内心有激烈的冲突——到底要不要上大学？"在放弃了足球、游泳之后，他把希望完全置放在了另一项爱好上——音乐。家人反对他走音乐这条路，但被刘伟宣判反对无效，刘伟最终没有参加高考。"人最开心的事情就是能从事自己喜欢的职业，

所以我最终选择了音乐。"刘伟说。

确定了自己的理想以后，一个问题摆在那里——去哪里学习音乐呢？刘伟找到一家私立音乐学院，然而校长却说："你进我们学院只能是影响校容！"刘伟对此的回答是："谢谢你这么歧视我，我会让你看看我是怎么做的。"

刘伟开始用脚学习钢琴，我们完全可以想象这需要付出多大的努力。要知道，很多正常人用手练了多少年都不一定会有起色。为了能够有所收获，刘伟坚持每天练琴 7 小时以上。"我是三点一线的生活：练琴、学音乐、回家。我家在五道口，练琴的地方在沙河，学音乐的地方在四中，那时真是精神和体力的双重考验。"在脚指头一次次被磨破以后，刘伟逐渐摸索出了如何用脚来和琴键相处的办法。如同在游泳上的表现，他对音乐的悟性同样惊人。"没有手，用脚一样能弹钢琴。"刘伟说。

2008 年，只学了一年钢琴的刘伟便已达到相当于用手弹钢琴的专业 7 级水平，他在北京电视台《唱响奥运》节目中，当着刘德华的面弹了一曲《梦中的婚礼》。接着，他弹着钢琴，与刘德华合唱了一首《天意》。双方拥抱之后，刘德华和他约定合作一首歌曲，于是，刘德华新专辑里多了一首叫作《美丽的回忆》的歌。

2009 年，刘伟挑战吉尼斯世界纪录，一分钟打出了 233 个字母，成为世界上用脚打字最快的人。

2010 年，刘伟登上了维也纳金色大厅舞台，让世界见证了这个中国男孩的奇迹。

当然，在刘伟创造人生的过程中，也曾遭受过打击，参加某节目的预选赛时，"我的歌还没唱几句就被打断，当我们把钢琴抬进来表演时，不到一半，评委就很不耐烦地打断了演奏，然后一句话也不说。我觉得这些都不算什么，眼前的天空会出现6个字：多大点儿事啊。"

是啊，多大点儿事啊！挫折是大自然的计划，经历过挫折考验的人们会对事情作出更充分的准备，把心中的残渣烧掉。因此，我们需要勇敢地拥抱挫折，因为它是我们生命中的另一种维生素。生命的确需要苦难来洗礼，在这番历练中，你能扛得住，便是成功；你扛不住，便只能平庸。就像那些温室中的花朵，诗人根本不会浪费笔墨去歌颂，而那傲雪而立的寒梅，古往今来已不知被多少次提起。究其根由，不正是因为它不畏苦难，可以战胜苦难吗？要知道，人生的成功也是这样。

所以，你要从现在开始，微笑着面对生活，不要抱怨生活给了你太多的磨难，不要抱怨生活中有太多的曲折，更不要抱怨生活中存在的不公。当你走过世间的繁华与喧嚣，阅尽世事，你会明白：只有流过血的手指，才能弹出人世间的绝唱。

幸福其实很简单

在物欲横流的今天，似乎每个人都在玩命地挣钱。欲望的不满足使人们不断攫取，不断疯狂，这其中又夹杂着不断的失望。人们一直在奔波、劳累、挣扎。有的人的确是得到了，但却失去了自己的幸福，他们在别人的羡慕当中开始迷失。时间长了，他们就再也没有勇气放弃自己手中的金子，因为他们不愿意舍弃别人赞美的目光，可是再也无法面对自己的心灵。

这种人每天都怀着抑郁的心情，独处的时候会感到空虚、寂寞，让这样那样的富贵病纠缠着自己。他们的身心健康受到了严重的影响，自己喜欢做的事情也是一拖再拖，想想这样的人生都为别人过了，到底悲惨不悲惨呢？

有两个渔人经常结伴驾船出海捕鱼。后来，他们在海上发现了一座奇怪的小岛，上面满是金灿灿的黄金。于是，他们将小船靠近海岛，第一个渔人将船上的网具全部扔掉，随即不停地往船上装金子，直到小船快被压沉。

第二个渔人亦不停装金子。然而，装了片刻他发现，由于小船载重量有限，根本无法带走太多金子。尽管心有不甘，但终究克制住了自己的欲望。他闭上眼睛，转过身去，迅速地将小船划离海岛。

在返航途中，他们遇上了罕见的台风。第一个渔人所驾的小船，因为严重超载，加上他不舍得扔掉金子，结果很快就沉没了。

另一个渔人，则不停地将船上的金子往海里扔，以减轻船的载重量。当他手中还剩下最后一锭金子时，台风过去了，大海也恢复了先前的平静。他驾着小船安全返航。他没有舍弃网具，第二天仍可以出海捕鱼；他只带回来一锭金子，但是这一锭金子足可以使他家的生活变得富裕……

当你得到一个青苹果时，你是不是想得到更多，或者是得到一个红苹果？当你得到更多的红苹果时，你会不会因为没有选择其他水果而后悔？然而选择只有一个！如果你不能有效控制自己的欲望，永远不满足于已得到的，每每你得到时，就都会为相应的失去感到遗憾，如此一来，快乐又何处寻找？

所以，如果希望快乐常在，就去做欲望的主人，衡量自身的能力，从而适度地放弃一些令自己感到负累的东西。你应该为自己的得到而快乐，永远不要奢望得到得最多、最好。

在北京生活了将近 10 年，35 岁的魏姗姗忽然就辞去了月薪8000 元的工作。朋友问她此去何以为生的时候，她回的短信好像就是在开玩笑："去立交桥下擦皮鞋。"

当然，她并没有真的去擦皮鞋，而是把自己买的两套多余的房子简单地装修了一下，租了出去。她淡淡地说："应对日常生

活，这点租金足够了。"从此之后，她买蔬菜荤食不再去超市，而是改去菜市场；自己对镜剪发及学习漂染头发；看书去图书馆，看电影租 DVD。

魏姗姗甚至还学会了自己晒干茉莉和药菊，自己买草药来配花草茶；自己做锦缎靠垫来装饰房间；自己做漂亮的手工饼干来招待朋友。高兴的时候，她也会替别人做一点儿设计、摄影或撰稿。

魏姗姗感叹说："从前我一直以来都以为自己需要的是那么多，月薪 8000 也感觉自己好像是穷人。现在发现自己需要的其实是那么少，虽然所赚不多，但是每天都是如此的快乐和幸福。"

现在，她的时间和金钱主要用来旅游。她说："不是每个人都能够健康地活到 60 岁，就算你 60 岁之后还有余力走出世界，你的心境，你看到的世态人情，也与 35 岁的时候不一样了。"

重新选择，千万不要让都市的钢筋混凝土冷却了我们的内心。在感情麻木，再也没有幸福感的时候，一定要勇敢地抛弃那些苦苦淘到的"金子"，只有这样，我们才会生活得更加安宁，我们也才会发现幸福是触手可及的。

幸福其实很简单，每个人都有权利选择属于自己的健康合理的幸福方式。我们要敢于扔掉淘到的"金子"，敢于面对自己的内心深处，这样幸福就会悄无声息地降临到我们的灵魂深处。

3

所谓门槛，过去了就是门，过不去才是坎儿

　　人之一生，就是由无数的苦难组成的念珠，是悲是喜，是福是祸，就看你能否笑着数完这串念珠。你可以逃避这世上的痛苦，这是你的自由，也与你的天性相符。但或许，准确地说，你唯一能逃避的，只是这逃避本身。其实所谓门槛，过去了就是门，门后的世界宽敞明亮；过不去才是坎儿，坎坷一生。

一眼之别，就是两个不同的世界

　　世上没有任何事情是值得痛苦的，你可以让自己的一生在痛苦中度过，然而无论你多么痛苦，甚至痛不欲生，你也无法改变现实。

　　痛苦是一种过度忧愁和伤感的情绪体验。所有人都会有痛苦的时刻，但如果是毫无原因的痛苦，或是虽有原因但不能自控，就属于心理疾病的范畴了。这时如果还不及时调整，一味地痛苦下去，就会出问题——你随时可能崩溃掉。

　　当下，痛苦俨然已经成为一种社会通病，几乎每个人都在叫嚷："我好痛苦！"但大家想明白没有：令人感到痛苦的是什么？痛苦又能给人带来什么？毫无疑问，痛苦这种情绪消极而无益，既然是在为毫无积极效果的行为浪费自己宝贵的时光，那么我们就必须做出改变。不过，我们要改变的不是诱发痛苦的问题，因为痛苦不是问题本身带来的，我们需要改变的是对于问题的看法，这会引导我们走向解脱。

　　有一位朋友，刚刚升职一个多月，办公室的椅子还没坐热，就因为工作失误被裁了下来。雪上加霜的是，与他相恋了五年的女友在这时也背叛了他，跟着一个土豪走了。事业、爱情的双失意令他痛不欲生，万念俱灰的他爬上了以前和女友经常散步的山。

一切都是那么熟悉，又是那么陌生。曾经的山盟海誓依稀还在耳边，只是风景依旧，物是人非。他站在半山腰的一个悬崖边，往事如潮水般涌上心头，"活着还有什么意思呢？"他想，"不如就这样跳下去，反倒一了百了。"

他还想看看曾经看过的斜阳和远处即将靠岸的船只，可是抬眼看去，除了冰冷的峭壁，就是阴森的峡谷，往日一切美好的景色全然不见。忽然间又是狂风大作，乌云从远处逐渐蔓延过来，似乎一场大雨即将来临。他给生命留了一个机会，他在心里想："如果不下雨，就好好活着，如果下雨就了此余生。"

就在他闷闷地抽烟等待时，一位精神矍铄的老人走了过来，拍拍他的肩膀说："小伙子，半山腰有什么好看的？再上一级，说不定就有好景色。"老人的话让他再也抑制不住即将决堤的泪水，他毫无保留地诉说了自己的痛苦遭遇。这时，雨下了起来，他觉得这就是天意，于是不言不语，缓缓向悬崖走去。老人一把拉住了他，"走，我们再上一级，到山顶上你再跳也不迟。"

奇怪的是，在山顶他看到了截然不同的景色。远方的船夫顶着风雨引吭高歌，扬帆归岸。尽管风浪使小船摇摆不定，行进缓慢，但船夫们却精神抖擞，一声比一声有力。雨停了，风息了，远处的夕阳火一样地燃烧着，晚霞鲜艳得如同一面战旗，一切显得那么生机勃勃。他自己也感到奇怪，仅仅一级之差，一眼之

别，却是两个不同的世界。

他的心情被眼前的图画渲染得明朗起来。老人说："看见了吗？绝望时，你站在下面，山腰在下雨，能看到的只是头顶沉重的乌云和眼前冰冷的峭壁，而换了个高度和不同的位置后，山顶上却风和日丽，另一番充满希望的景象。一级之差就是两个世界，一念之差也是两个世界。孩子，记住，在人生的苦难面前，你笑世界不一定笑，但你哭脚下肯定是泪水。"

几年以后，他有了自己的文化传播公司。他的办公室里一直悬挂着一幅山水画，背景是一老一少坐在山顶手指远方，那里有晚霞夕阳和逆风归航的船只。题款为："再上一级，高看一眼"。

当人生的理想和追求不能实现时，当那些你以为不能忍受的事情出现时，请换一个角度看待人生，换个角度，便会产生另一种哲学，另一种处事观。

一样的人生，异样的心态。换个角度看待人生，就是要大家跳出来看自己，跳出原本的消极思维，以乐观豁达、体谅的心态来关照自己，突破自己，超越自己。你会认识到，生活的苦与乐、累与甜，都取决于人的心境。

从远处看，人生的折磨还很有诗意呢

其实对待那些不可抗的因素，我们多数人或许还能够释怀，但对待那些人为的折磨，我们多数人也许就要耿耿于怀了。

其实我们可以换一种心态去看待。别把它当成消极的打压，把它当成一种促进我们成长的积极因素。生命是一个不断蜕变的过程，有了折磨它才能进步，才能得到升华。如果说你已经是成功者，那么不妨回忆一下，真正促成我们成功的，除了自身的能力、亲友的鼓励以外，是不是还有别人的折磨？不管那些人是善意还是恶意，他们在折磨你的同时，是不是也成全了你？这种痛苦是不是让你变得更加睿智、更加成熟？

其实，每一种折磨或挫折，都隐藏着让人成功的种子，那些正在向成功努力的人更应该看清这一点，不要害怕别人的折磨，更不要因此萎靡不振。事实上，我们从小到大一直在经受着某种意义上的折磨：老师对于我们落后的批评，同学对于我们错误的指责，朋友对于我们偏差的纠正，父母偶尔扬起的巴掌……这一切，我们都把它当成理所当然，因为我们知道，每一次的折磨，都像在我们脚下垫了一块砖，让我们站得更高，看得更远。那为

什么现在，我们的心智更加成熟了，反倒无法释然了呢？或许真是因为我们觉得自己长大了，我们觉得自己不再需要鞭策；又或者我们太希望人生能够一帆风顺，我们心中的"自我意识"容不得别人的侵犯。但事实上，我们错了！你要知道，没有经历过折磨的雄鹰不可能高飞几十年，没有被生活折磨过的人不可能坦然看世间。其实，那些折磨过我们的人和事，往往正是人生中最受用的经历。你不觉得它就像牡蛎一样吗？虽然会喷出扰乱前途的沙子，可是内涵却在于体内那一颗颗绚丽的"珍珠"！

　　不知道大家有没有听说过，在心理学上有一种"最优经验"的说法：当一个人自觉将体能与智力发挥到极致之时，就是"最优经验"出现的时候，而通常，"最优经验"都不会在顺境之中发生，大多是在千钧一发之际被激发出来。据说，许多在集中营里大难不死的囚犯，就是因为困境激发了他们采取最优的应对策略，最终能躲过劫难。

　　那我们为什么不能这样？——就让别人的折磨来刺激我们的"最优经验"。换言之，当有人打压、欺负、刻薄，甚至是伤害我们之时，我们是不是可以将心底爆发出来的怒气转化为志气？说得通俗一点，谁越瞧不起我们，我们就越要做出个样子给他们看看！人若是没这点志气，别人越看不起你，你就越放任自流或者说逆来顺受，那人生也就没有意义了。

　　所以，当有人折磨你时，不妨想想罗曼·罗兰的那句话——"从远处看，人生的不幸折磨还很有诗意呢！"是的，这个时代，众多竞争对手使我们立于没有硝烟的战场之中，也许我们无法选择，也许这场战争使我们饱受折磨，但是，我们完全可以把它当成充满诗意的鞭策，就让别人来驱散我们的惰性，逼着我们不断向前。假如大家能够具备这种心态，那我们大抵就可以做成事了。

别管曾经做错过什么，
重要的是现在你在做什么

上天赐给我们很多宝贵的礼物，其中之一即是遗忘。不过，人们在过度强调记忆的好处以后，往往忽略了遗忘的重要性。

世人很容易将欢乐的时光忘却，但却对哀愁情有独钟，这显然是对遗忘哀愁的一种抗拒。换言之，人们习惯于淡忘生命中美好的一切，而对于痛苦的记忆，却总是铭记在心。难道是因为它给你记忆深刻才无法遗忘吗？当然不是，这完全是出于你对过去的执着。其实，昨日已成昨日，昨日的辉煌与痛苦都已成为过眼云烟，何必还要死死守着不放？倒掉昨日的那杯茶，这样你的人生才能洋溢出新的茶香。

可以说，人的一生由无数的片段组成，而这些片段可以是连续的，也可以是风马牛毫无关联的。说人生是连续的片段，无非

是人的一生平平淡淡、无波无澜，周而复始地过着循环往复的日子；说人生是不相干的片段，因为人生的每一次经历都属于过去，在下一秒我们可以重新开始，可以忘掉过去的不幸，忘掉过去不如意的自己。

在雨果不朽的名著《悲惨世界》里，主人公冉·阿让本是一个勤劳、正直、善良的人，但穷困潦倒，度日艰难。为了不让家人挨饿，迫于无奈，他偷了一个面包，被当场抓获，判定为"贼"，锒铛入狱。

出狱后，他到处找不到工作，饱受世俗的冷落与耻笑。从此他真的成了一个贼，顺手牵羊，偷鸡摸狗。警察一直都在追踪他，想方设法要拿到他犯罪的证据，以把他再次送进监狱，他却一次又一次逃脱了。

在一个风雪交加的夜晚，他饥寒交迫，昏倒在路上，被一个好心的神父救起。神父把他带回教堂，但他却在神父睡着后，把神父房间里的所有银器席卷一空。因为他已认定自己是坏人，就应干坏事。不料，在逃跑途中，被警察逮个正着，这次可谓人赃俱获。

当警察押着冉·阿让到教堂，让神父辨认失窃物品时，冉·阿让绝望地想："完了，这一辈子只能在监狱里度过了！"谁知神父却温和地对警察说："这些银器是我送给他的。他走得太急，还有一件更名贵的银烛台忘了拿，我这就去取来！"

冉·阿让的心灵受到了巨大的震撼。警察走后，神父对冉·阿让说："过去的就让它过去，重新开始吧！"

从此，冉·阿让洗心革面，重新做人。他搬到一个新地方，努力工作，积极上进。后来，他成功了，毕生都在救济穷人，做了大量对社会有益的事情。

冉·阿让正是由于摆脱了过去的束缚，才能重新开始生活、重新定位自己。

人们也常说，"好汉不提当年勇"，同样，当年的辉煌仅能代表我们过去，而不代表现在。面对过去的辉煌也好、失意也罢，太放在心上就会成为一种负担，容易让人形成一种思维定式，结果往往令曾经辉煌过的人不思进取，而那些曾经失败过的人依然沉沦、堕落。只有学会忘记过去的悲喜，轻装前行，才会走得更远。

你愿意用忏悔的泪水
洗净自己的脸，就能抬起头顶天立地

在一次公开课上，一位著名的成功学家做出了如下举动：

他手里高举着一张 20 美元的钞票，对着在场的 500 人问道："谁要这 20 美元？"台下，一只只手举了起来。他接着又说："我打算把这 20 美元送给你们中的一位，但在这之前，请允许我做

一件事。"说着，他将钞票揉成一团，然后又问："现在谁还要？"大家还是把手举了起来。

"那么，这样呢？"他把钞票扔到地上，又用脚踩了上去，碾压。然而他捡起钞票，钞票已经变得又脏又皱，但没有破损。"现在谁还要？"他接着问。还是有很多人举起手来。

成功学家开始了他的重点，他说："朋友们，你们已经上了一堂很有意义的课。无论我如何对待那张钞票，你们还是想要它，因为它并没有贬值，它依旧值 20 美元。人生路上，我们会无数次被自己的决定或者遇到的逆境击倒、欺凌，甚至被碾得狼狈不堪。很多人可能会因此觉得自己一文不值。但事实上，无论发生过什么，或者将要发生什么，你的价值永远都不会丢失。"

是的，无论发生过什么，你的价值都不会丢失，只要你不放弃自己，无论肮脏或洁净、衣着齐整或不齐整，你的生命作为一种存在，就是无价之宝。所以不要怀疑自己，哪怕你曾经做过荒唐事，但那已经成为过去式，只要今天的你心态积极，你愿意用忏悔的泪水洗净自己的脸，你就能抬起头顶天立地。

美国有一个黑人青年，他自幼在贫民窟长大，童年时缺乏良好的教育和指导，便跟坏孩子学会了逃学、搞破坏和吸毒。12 岁那年，他因抢劫商店而被捕，关进了少管所；15 岁时，又因企图撬开办公室的保险箱，再次身陷囹圄；后来，因为参与武装打劫，作为成年犯第三次被送入监狱。

一天，监狱里一个年老的无期徒刑犯看到他在打垒球，便对他说："你是有能力的，你有机会做你自己的事，不要自暴自弃。"

年轻人反复思索老囚犯的话，他突然意识到，虽然自己身在监狱，但至少还拥有选择的自由：他能够选择在出狱后干什么；他能够选择不再成为恶棍；他能够选择重新做人，当一个垒球手。

5年后，年轻人成了明星赛中底特律老虎队的队员。底特律垒球队当时的领队马丁在友谊比赛时，访问过监狱，由于他的努力，年轻人得以假释出狱。此后不到一年，年轻人就成了垒球队的主力队员。

即便你失败了，但你仍然拥有自由，起码你还拥有选择的自由，难道这还不够吗？这就足以令你重新站起来了。

年轻人尽管曾陷入生活的低谷，尽管曾是一名囚犯，然而，他认识到了真正的自由，这种自由是我们人人都有的，它存在于自由选择。

人生这条路太长，也太复杂，谁都难免会因一时冲动犯下错误，只是程度有所不同罢了。你不是圣人，也不是神仙，何况神仙都会思凡，所以别对以往的过错耿耿于怀，知道错了，能改就好。

记住，错误并不全是无可救药，怕的是你的心不可救药，当错误发生以后，你还有选择。其实，不管你犯过什么错，不管带来了怎样的结果，这都只是漫长人生中的一个小片段，没有哪个错误可以决定人的一生。如果你认为自己错得太过，无法收拾，并认定从此与幸福无缘……那是你想得太极端了。其实无论你遭

遇过什么，无论现在别人怎样去评价你，以后过什么样的生活，仍取决于你的选择。

以为带着错误活下去会很艰难，无非是你不懂得如何唤醒自身的正能量。错误不足以毁灭你，如果以为自己承担不起，那就太低估自己了。如果说你一直将困难的程度看得比自己还要强大，不断放弃唤醒自身的力量，那你怎么能走出厄运的樊篱？

生命原本就是一个不断受伤和不断复原的过程。世界还是那个世界，天依然那样蓝，树依然那样绿，爱你的人和你爱的人依然那样安宁和美丽。

是的，安宁和美丽始终在那里，不离不弃，只要你的心足够坚强，就看得见。就算曾经犯过错，弄脏了衣裳，只要诚实面对内心，坦然承担责任，洗净身上的污点，你就还能活出从未远离的坚强。

如果不可以流泪，不如试着微笑

遗憾会使有些人堕落，也会使有些人清醒；能令一些人倒下，也能令一些人奋进。同样的一件事，我们可以选择不同的态度去对待。如果我们选择了积极，并作出积极努力，就一定会看到前方瑰丽的风景。

其实，人生中的遗憾并不可怕，怕就怕我们沉浸在戚戚的遗憾中停滞不前。即使是那些看似无法挽回的悲剧，但只要我们意念强大，勇敢面对，也能修正人生航向，创造人生幸福，实现人生价值。

美国女孩辛蒂在医科大学时，有一次，她到山上散步，带回一些蚜虫。她拿起杀虫剂想为蚜虫去除化学污染，却感觉到一阵痉挛，原以为那只是暂时性的症状，谁料她的后半生从此陷入不幸。

杀虫剂内所含的某种化学物质使辛蒂的免疫系统遭到破坏，使她对香水、洗发水以及日常生活中接触的一切化学物质一律过敏，连空气也可能使她的支气管发炎。这种"多重化学物质过敏症"，到目前为止仍无药可医。

起初几年，她一直流口水，尿液变成绿色，有毒的汗水刺激背部形成了一块块疤痕。她甚至不能睡在经过防火处理的床垫上；否则就会引发心悸和四肢抽搐。后来，她的丈夫用钢和玻璃为她盖了一所无毒房间，一个足以逃避所有威胁的"世外桃源"。辛蒂所有吃的、喝的都得经过选择与处理，她平时只能喝蒸馏水，食物中不能含有任何化学成分。

很多年过去了，辛蒂没有见到过一棵花草，听不见一声悠扬的歌声，感觉不到阳光、流水和风。她躲在没有任何饰物的小屋里，饱尝孤独之余，甚至不能哭泣，因为她的眼泪跟汗液一样也是有毒的物质。

然而，坚强的辛蒂并没有在痛苦中自暴自弃，她一直在为自己，同时更为所有化学污染物的牺牲者争取权益。后来，她创立了"环境接触研究网"，以便为那些致力于此类病症研究的人士提供一个窗口。几年以后辛蒂又与另一组织合作，创建了"化学物质伤害资讯网"，保证人们免受威胁。

　　目前，这一资讯网已有来自32个国家的5000多名会员，不仅发行了刊物，还得到美国、欧盟及联合国的大力支持。

　　她说："在这寂静的世界里，我感到很充实。因为我不能流泪，所以我选择了微笑。"

　　是啊，既然不能流泪，不如选择微笑，当我们选择微笑地面对生活时，我们也就走出了人生的冬季。

　　岁月匆匆，人生也匆匆，当困难来临之时，学着用微笑去面对，用智慧去解决。永远不要为已发生的和未发生的事情忧虑，已发生的，再忧虑也无济于事；未发生的，根本无法预测，徒增烦恼而已。你得知道，生活不是高速公路，不会一路畅通。人生注定要负重登山，攀高峰，陷低谷，处逆境，一波三折是人生的必然，我们不可能苦一辈子，但总要苦一阵子，忍着忍着就面对了，挺着挺着就承受了，走着走着就过去了。

　　其实，上帝是很公平的，他会给予每个人实现梦想的权利，关键看你如何去选择。琐事缠身，压力太大，这些都不应该是我们放弃梦想的理由，在身残志坚的人面前，这会让你抬不起头。要知道，幸福感并不取决于物质的多寡，而在于心灵是否贫穷，你的心坚强，世界也会坚强。

无法挽救的不幸中，依然可以创造出奇迹

对于苦难，如果还有选择的余地，如果说还可以规避，那固然是好，然而又有很多时候，生活给予我们的并不允许我们推却。这时我们只有一种选择——承受，但承受是不是就要逆来顺受？不。

其实，任何不幸、失败与损失，都有可能成为我们的有利因素。生活也真的很公平，它可以将一个人的志气磨尽，也能让一个人出类拔萃，就看你是怎样的一个人。

意大利庞贝城中有位卖花女，名字叫作倪娣雅。她虽然自幼便双目失明，一直生活在黑暗之中，但却从不自怨自艾，也没有自我封闭起来，而是勇敢地选择去面对，她要像常人一样自食其力。

那日，维苏威大火山爆发了，庞贝城遭受着空前的灾难，整座城市笼罩在浓烟和尘埃之中，不断遭受着地震的侵袭。是时，正值漆黑的午夜，惊慌失措的居民跌跌撞撞寻找出路，却始终无法走出“迷宫”。

倪娣雅一直生活在黑暗之中，这些年来她一直走街串巷在城

里卖花，她依靠自己的触觉和听觉找到了求生之路，与此同时，她还救出了许多市民。

上苍真的很公平，命运在向倪娣雅关闭一扇门的同时，又为她开启了另一扇门。

世上的任何事物都是多面的，我们所看到的往往只是其中一个侧面，这个侧面让人痛苦，但痛苦大多可以转化。有一个成语叫作"蚌病成珠"，这是对生活最贴切的比喻。蚌因体内嵌入沙粒而痛苦，伤口的刺激使它不断分泌物质疗伤，待到伤口复合时，患处就会出现一粒晶莹的珍珠。试想，哪粒珍珠不是由痛苦孕育而成的呢？

非凡的经历可以成就一个非凡的人生，非凡的经历也必定是伴随着非凡的苦难。当我们对命运强加在我们身上的一切无从反抗的时候，如果我们放弃希望，不愿与它对抗，那么我们最终只能永远生活在不幸与抱怨中。然而，如果我们坚强地面对它，抱持着坚持不懈的信念，我们必将把这些不幸转换为我们人生中一段非凡的经历，成就我们非凡的人生。

成功学大师卡耐基说："有一次，我拒不接受我遇到的一种不可改变的情况。我像个蠢蛋，不断作无谓的反抗，结果带来无眠的夜晚，我把自己整得很惨。终于，经过一年的自我折磨，我不得不接受我无法改变的事实。"我们应该汲取这个教训，面对不可避免的事实，就应该学着像树木一样顺其自然，面对黑夜、风暴、饥饿、意外与挫折。当然，这不是说要我们束手待毙，事实上，只要有任何可以规避的条件，我们都应该去躲开苦难，否则还真有点傻气。但是，如果我们发现情势已然不能挽回，我们就不要拒绝面对，要接受不可避免的事实，唯有如此，我们才能在人生的道路上掌握好平衡。

换言之，在遭遇障碍时，我们不要忘了给自己打打气，高歌猛进时也不要忘了给自己降降压。这样我们的人生才不至于陷入旋涡。

4 岁那年，迈克父母在一次车祸中丧生，他被寄养在一个远房舅舅家。舅舅对他很刻薄，吆喝打骂是家常便饭。迈克懂事很早，学习非常用功，成绩出类拔萃，并考上了一所名牌大学的热门专业。但毕业那年，全国的经济颓废，辛辛苦苦找了一年工作，却丝毫没有着落。

对迈克最好的是那位 60 多岁的房东老太太，在她那满头白发下，仍然能看出安详与高贵。每次迈克回来，她都会开门高兴地招呼他，尽管迈克自己有钥匙。看到迈克沮丧的样子，老太太总是安慰他："迈克，事情没那么糟糕，一切都会好起来的。"迈克心里很感动，但他觉得，老太太根本体会不到自己的难处。他想，如果自己能像她那样，每天最重要的事，就是看着马路上川流不息的车辆以及熙熙攘攘的人群，他也一定会这样快乐。

有一天，迈克看着老太太出神的样子，不由得纳闷：在她的思想里，到底装着一个怎样的世界呢？那马路上每天都如此单调，对迈克来说，实在没有什么可看的。他终于忍不住问她："您每天都在看什么？有什么有趣的事情吗？"

老太太笑眯眯地望着迈克："孩子，那马路上的红绿灯，写

下的是无数行人生命的征程，怎么会没有意思呢？"

"那有什么好看的？不就是红绿灯吗。"迈克还是不解。

"孩子，你还不明白。这人生呀，就像那红绿灯，一会儿红，一会儿绿。红的时候呀，就没法动了，动了就会出交通事故；绿的时候呢，就一路畅通无阻。"老太太顿了顿，"有时你远远看着那灯是绿的，等车子加速到了跟前，却可能突然就红了；有时远看是红的，到了跟前就变绿了。有的车到每个路口，都可能是绿灯变红灯；有的车到每个路口，都是红灯变绿灯。可是呀，它们最终都同样离开了这里，朝着遥远的地方去了。有了这红绿的变换，人生的步伐才有快慢调整，人生的景色才会五彩斑斓。为什么要为一次红灯而焦虑不安，或为一次绿灯而兴奋不已呢。"

迈克终于醒悟，原来自己一直在人生的路口撞着红灯，而绿灯总会闪起，远方依然在召唤。带着对老太太的感激，迈克开始了新的努力。

40 岁那年，迈克成了美国最著名的电脑经销商，拥有亿万家产。在哈佛大学演讲那天，在如雷的掌声中，他没有忘记当年那位房东老太太的教诲。他平静地说道："我只不过是遇上了人生的绿灯而已。"

成功的时候，不要忘记人生还有红灯；失败的时候，不要忘记前边可能就是绿灯。成败体现不出一个人的价值，只是一种规律作用下的必然结果。无论成败，你都还有自己的价值，它比单纯的成败更值得重视。

其实，生活从来都是波澜起伏的，命运从来都是峰回路转的，因为有了曲折和故事，我们的生命才会精彩。如果人生没有磨难，其本身就是一种灾害。我们长期处于无忧无虑的环境中，优不能胜，劣不能汰，社会就不会进步。而我们每每认真审阅自己的历程，总会欣然发现，点燃自己灵魂之光的，往往正是一些当时被看作是磨难和困苦的境遇或事件。我们来到这世间，就不可避免地要经历人世间的酸甜苦辣，即使我们对苦难有千般的反感与不愿，但苦难不会因你的厌恶就离你远去。所以在苦难面前，我们只能选择坦然面对，我们虽然无法改变既成的事实，但我们事实上完全有能力在苦难中创造出一个奇迹。

当你不再惧怕苦难的时候，你已更加坚强

一位教师在课堂上做了一个实验。他先用一些小铁圈将一个南瓜箍住，然后问学生："南瓜长大以后，会出现什么结果呢？"同学们纷纷回答："南瓜将会破裂。"教师继续问："你们认为它能够承受住多大的压力？"学生们经过一番议论，最后一致认为，最大限度不会超过200千克。

然而，实验第一个月，南瓜已经承受住了200千克的压力；到第二个月，这个南瓜已承受了600千克的压力；并且当它承受

住 800 千克压力时，老教师和学生不得不对铁圈加固，避免南瓜将铁圈撑开。

结果超乎他们的想象——直到南瓜承受了超过 2000 千克的压力时，它才发生了破裂。这个时候他们发现，这个南瓜内部生长了层层牢固的纤维，试图突破围困它的铁圈。南瓜在巨大的"苦难"前选择不断成长，来获得更强大的力量。

当苦难来临之时，也正是我们发挥生命潜力的时刻，就像那个南瓜，承受了极大的苦难和压力，生命反而变得更加坚韧。

只要还在这个世界上活着，每一天，甚至每一秒，我们都要遭遇不一样的事情，都要见到不同的人，无理的、欣喜的，无聊的、有意义的，它们交叉在一起才叫生命。我们都体验过幸福与快乐，也不可避免地要遭遇坎坷，欢乐的时光于我们而言总是那样短暂，而痛苦却让我们感到度日如年，我们很快就会忘记彼时的快乐，却与此时的痛苦纠缠不断，不是不可战胜，而是四肢发冷——我们木然在那些伤痛中，心颤了，胆寒了。

我们为何变得如此胆怯，还是天生就是个"草包"？相信没有人喜欢这个"雅号"，而事实上，我们也曾是很多人心中的骄傲，只是不知从何时起，挫折不讲道理地一次次来袭，或许你也曾抗衡过，只是越发地感觉气力不济，于是最终想到了放弃。显然不曾有人告诉过你，这个世界上只有一条路不能选择，那就是放弃的路，只有一条路不能放弃，那就是成长的路。而恰恰，痛苦的时候，也正是我们成长的时候。

曾听过一个黑人男孩的故事，他出生在一个贫寒的家庭。父亲过早地撒手人寰，只留下嗷嗷待哺的他与母亲相依为命。那个可怜的母亲是个只会打零工的女人，她爱自己的孩子，也想给他像其他孩子一样的生活，但她确实没有那个能力，她每个月只能拿到不足 30 美元的工钱。

有一次，黑人男孩的班主任让班上的同学们捐钱，男孩觉得自己与其他人没什么差别，他也想有所表现，于是拿着自己捡垃圾换来的 3 块钱，激动地等待老师叫他的名字。可是，直到最后，老师也没有点他的名字。他大为不解，便去向老师问个究竟，没想到，老师却厉声说道："我们这次募捐正是为了帮助像你这样的穷人，这位同学，如果你爸爸出得起 5 元钱的课外活动费，你就不用领救济金了……"男孩的眼泪瞬间流了下来，他第一次感到那么屈辱与委屈，打那天以后，男孩再也没有踏进这所学校半步。

30 年弹指一挥间，这位名叫狄克·格里戈的黑人男孩如今已经成了美国著名的节目主持人。每每提及此事时，他总是会说："经由这盆冷水的冲刷，我的梦想将会更明朗，信念将会更加笃定。"

那么小的孩子，那么大的刺激，这事若发生在我们身上，或许阴影便会笼罩一生，或许我们便真的认命了，继续领着救济金，继续过着低人一头的生活。显然狄克·格里戈的意志力要比我们很多人都强，他应该很清楚，生命是自己的，前程是自己的，幸福也是自己的，并不是随便某个人的几句话、随便的一点什么挫折就可以毁掉，所以他要珍爱自己的生命！他要证明给那

些轻贱自己的人看!

　　而现在的我们所缺少的，也许正是狄克·格里戈那种化刺激为潜力的心气儿，挫折改变了两种人的命运——它能够将懦夫拉入万丈深渊，同样也能够成就生命的美丽。而成与败的关键就在于，你是不是能够把它看成是生命的一种常态。

　　当你不再惧怕苦难时，你会对人生有更深一层的领悟。就是在这样一次次的领悟中，你会走出一个不平庸的人生。不信你看看那些真正有成就的人，他们哪一个不是在经历了失败和挫折之后才取得辉煌成就的?

　　所以请你相信，那么多当时你觉得快要要了你的命的事情，那么多你觉得快要撑不过去的打击，都会慢慢地好起来。对于那些你暂时不能拒绝的，不能挑战的，不能战胜的，不能逆转的，就告诉自己，凡是不能杀死你的，最终都会让你变得更强!

4

别人看不起你，很不幸；
自己看不起自己，更不幸

　　别人看不起你，很不幸；自己看不起自己，更不幸！如果连自己都不相信，你还能相信什么呢？只有你自己认为自己很了不起时，你才能做成很了不起的事，成为别人眼中很了不起的人。信心，这个词里面藏有禅机，信心就是相信自己的心。如果你相信自己的心，一切都会安稳下来。剩下的，是该做的事。

自卑是剪了双翼的飞鸟，难上青天

有才能的人未必就是胜利的人，而胜利迟早都属于有信心的人。换句话说，你若仅仅接受最好的，你最后得到的常常也就是最好的。一个人胜任一件事，85% 取决于态度，15% 取决于智力，所以一个人的成败很大程度上取决于他是否自信。假如这个人是自卑的，那自卑就会扼杀他的聪明才智，消磨他的意志。

松下电器公司曾招聘一批基层管理人员，采取笔试与面试相结合的方法。计划招聘 15 人，报考的却有几百人。经过一周的考试和面试之后，通过电子计算机计分，选出了 15 位佼佼者。当松下幸之助将录取者一个个过目时，发现有一位成绩特别出色、面试时给他留下深刻印象的年轻人未在 15 位之列。这位青年叫神田三郎。于是，松下幸之助当即叫人复查考试情况。结果发现，神田三郎的综合成绩名列第一，只因电子计算机出了故障，把分数和名次排错了，导致神田三郎落选。松下立即吩咐手下纠正错误，给神田三郎发放了录用通知书。第二天，松下先生却得到一个惊人的消息：神田三郎因没有被录取而一下自卑起来，觉得自己一无是处，于是跳楼自杀了。录用通知书送到时，他已经死了。

松下知道之后自己沉默了好长时间，一位助手在旁边自言自语：“多可惜，这么一位有才干的青年，我们没有录取他。”

“不，”松下摇摇头说，“幸亏我们公司没有录用他。如此自卑的人是干不成大事的。”

自卑的心态就像一条啃啮心灵的毒蛇，不仅汲取心灵的新鲜血液，让人失去生存的勇气，还在其中注入厌世和绝望的毒液，最后让健康的肌体死于非命。在人生攀登的崎岖小路上，自卑这条毒蛇随时都会悄然出现，特别是当人劳累、困乏、困惑的时候，更要加倍警惕。德国哲学家黑格尔说：“自卑往往伴随着懈怠。”它是你前进道路上的绊脚石，可以使一个人的活动积极性与能力大大降低。虽然偶尔短时间地滑入自卑状态是正常现象，但长期处于自卑之中就是一场灾难了。自卑的根源是过分否定和低估自己，过分重视别人的意见，并将别人看得过于高大而把自己看得过于卑微。

只有控制住自卑心态，人们才会积极进取，成为一个有主动创造精神的人，才能开拓事业的新局面，也才会有积极的人生态度，才会活得开朗、开心，才会勇于承担责任，成为一个有责任心的人。而任何一个在事业上有所作为的人，都是有责任心的人。只有扔掉自卑，才会在平时积极思考，才会产生奇迹；才会积极跨越各种障碍，成为一个不怕困难的人；才会积极主动地去结交新朋友，改善和旧朋友的关系，才会取得成功。

自卑心理所造成的最大问题是不论你有多成功，或是不论你

有多能干，你总是想证明自己是不是真的如此多才多艺。换句话说，许多人都倾向于为自己设定一个形象，而不肯承认真正的自我是什么。因为他们的想法总是倾向于自我认定的多。举个例子来说，如果你一直担心自己瘦不下来，每次在量腰围时你就会嘀咕一下，而完全忘了你的身体正处在最佳的健康状态。

你总是把自己认为的劣势时时刻刻放在脑子里，提醒自己还存在不足，并把这些不足和他人的优势相比较。因而，越比越觉得己不如人，越比越觉得无地自容，从而忽略了自己的优势，打击了自信心。事实上，"金无足赤，人无完人"。在你的眼里比较优越的人并不一定占优势。相反，在他人的眼里可能你比他更优秀。

有自卑情结的人还可能会很胆小，由于要避免可能使他感到难堪的一切，他就什么也不做；由于害怕别人认为自己无知，就忍住不去征求别人的意见；由于担心受到拒绝，就不敢去找个好工作。由于压抑，自卑的人会变得更加敏感。日益敏感，再加上日益怯懦，精神状态就日益低落。一个有自卑情结的人不能长时间把精力集中在任何事物上，因而常常不能实现自己的愿望。

长期被自卑情绪笼罩的人，会导致心理活动失去平衡，引起生理变化，对心血管系统和消化系统产生不良影响。生理上的变化反过来又会影响心理变化，加重自卑心理。长期这样恶性循环下去，必将毁了你。

你若看低自己，还能指望谁在乎你

自卑者习惯妄自菲薄，总是感觉己不如人，这种情绪一直纠结于心，结果丧失了原有的人生乐趣，烦恼、忧愁、失落、焦虑纷沓而至。

有这样一家人，他们在经过了几年的省吃俭用之后，积攒够了购买去往澳大利亚的下等舱船票的钱，他们打算到富足的澳大利亚去谋求发财的机会！

为了节省开支，妻子在上船之前准备了许多干粮，因为船要在海上航行十几天才能到达目的地。孩子们看到船上豪华餐厅的美食都忍不住向父母哀求，希望能够吃上一点，哪怕是残羹冷饭也行。

可是父母不希望被那些用餐的人看不起，就守住自己所在的下等舱门口，不让孩子们出去。于是，孩子们就只能和父母一样在整个旅途中都吃自己带的干粮。

其实父母和孩子一样渴望吃到美食，不过他们一想到自己空空的口袋就打消了这个念头。

旅途还有两天就要结束了，可是这家人带的干粮已经吃光

了。实在被逼无奈，父亲只好去求服务员赏给他们一家人一些剩饭。听到父亲的哀求，服务员吃惊地说："为什么你们不到餐厅去用餐呢？"父亲回答说："我们根本没有钱。"

"可是只要是船上的客人，都可以免费享用餐厅的所有食物呀！"听了服务员的回答，父亲大吃一惊，几乎要跳起来了。

如果说，他们肯在上船时问一问，也就不必一路上如此狼狈了。那么为何他们不去问问船上的就餐情况呢？显而易见，他们没有勇气，因为他们的脑子早就为自己设了一个限——我们很穷，没钱去豪华餐厅享用美食。可以说，正是自卑让他们错过了本应属于自己的待遇。

如果说，连你自己都看不起自己，那么还能指望谁在乎你？人，应该用行动去赢得别人的尊重。一个人可以犯错误，但绝不能丧失自信、自尊，因为唯有自信者才能捍卫自己的尊严，人生的阵地才不会陷落。

威廉·亨利·布拉格年轻时家境贫穷。他所在的威廉皇家学院多是衣着考究的富家子弟，唯有他，一袭破旧衣衫，一双极大、极不合脚的旧皮鞋。

布拉格这身"时髦装扮"在皇家学院显得极不协调，当时，一些纨绔子弟不但对他冷嘲热讽，甚至向学监告布拉格的状，诬蔑他的旧皮鞋是偷来的。

于是，学监将布拉格叫到了办公室，双眼紧紧盯着那双旧皮鞋。天资聪慧的布拉格马上有所顿悟，他颤抖着将一张纸笺交给学监。这是布拉格父亲寄来的家信，上面写有这样几句话："孩子，非常抱歉，但愿再过两年，我那双旧皮鞋穿在你的脚上就不会再嫌大……我一直这样想着：若是有朝一日你有了成就，我将感到非常荣耀，因为我的儿子正是穿着我的旧皮鞋奋斗成功的……"

看到这里，学监紧紧握住布拉格的手，满怀感慨地说道："孩子，对不起，是我误解了你！你的家庭虽然贫穷，你的父亲虽然没钱，但他有一颗对你充满期望的心。希望你不要辜负他，我会尽我所能去帮助你。"

此时，布拉格再也控制不住自己的情绪，两行热泪顺颊而下。曾几何时，他也抱怨过贫穷，也为之沮丧过，但父亲的谆谆教导给了他奋斗的力量，此时又有了学监的热心帮助。是的，绝不能辜负这些对自己充满期望的人，从此他愈发努力起来。

布拉格在 24 岁时，就成为数学兼物理学教授，而后又在放射线研究等领域获得了巨大成就。成名后的布拉格一直对穿旧皮鞋的经历"耿耿于怀"，他时常告诫自己的儿子威廉·劳伦斯·布拉格：饮水思源，不要忘记长辈的贫穷。

受此熏陶，小布拉格与父亲一样，年仅 24 岁就取得了不错的成绩，成为剑桥研究院院士。更让人惊叹的是，1915 年，父子二人同时摘得了诺贝尔物理学奖。

挫折不算什么，正所谓"好汉不怕出身苦，勤学苦斗有来日"。怕的是因挫折而丧失了斗志，因挫折而丧失了自信。

战胜自卑的过程，其实就是磨炼心志、超越自我的过程。逆境之中，如果你一味抱怨命运，认为自己是最不幸的那一个，那

么你永远也无法解除自卑的诅咒。想要消除自卑，就要以一种客观、平和的心态看待自己，不要一直盯着自己的短处看，因为越是如此，自卑的阴影就会越为阴郁。想要战胜自卑，就不要理会别人的评价，只要认为自己没错，那就矢志不移地走下去。你要做的，是用自己的能力，用自己的信心证明给别人看：我是优秀的！若做不到这些，若依旧对自卑恋恋不舍，那你就别指望别人高看你！

自信是成功之基

信心是由于自身产生了某种信仰，而感觉自己正被世界所相信的一种心理。一个人唯有充满信心，行动的可能性才会更高。对自己缺乏基本的、适度的信心，在生活中就不可能具备刚毅、无畏的品质，就不可能充满激情、斗志地去追求自己的目标。这样的人，注定碌碌无为，他的生活甚至会举步维艰，又何谈幸福呢？

我们来做个假设：

倘若给你一个任务——每天销售 3 套时装，为期半个月。或许你会回答："这不是问题，我做得到。"但是，倘若要求你连续 12 年，平均每天销售 6 辆汽车呢？相信你肯定会摇头，"这不可能！"

事实上，这是可能的！"世界上最伟大的推销员"——乔·吉拉德先生，其职业生涯共计卖出汽车 13001 辆，而且均为一对一销售，他也因此创造了吉尼斯汽车销售纪录。

乔·吉拉德出生于美国大萧条时代，其父辈为西西里移民，家境贫寒。乔·吉拉德从 9 岁开始为人擦皮鞋，以贴补家用，但暴躁的父亲依然时常对他进行打骂，人们都很歧视他，认为他是个没用的"废物"。

这种情况下，他勉强读到高中便辍学了。父亲的打击、邻里的歧视，令他逐渐丧失了自信，他开始口吃起来。35 岁以前，他更换过 40 份工作，甚至当过扒手，开过赌场，但终究一事无成，而且背负了巨额的债务。

难道真的如父亲所说，自己就是一个废物？乔·吉拉德似乎有些绝望。幸运的是，他有一位非常伟大的母亲，她时常鼓励乔·吉拉德："乔，你必须证明给你爸爸看，证明给所有人看，让他们知道你不是个"废物"，你能做得非常了不起！乔，人都是一样的，机会摆在每个人面前，就看你懂不懂得争取。乔，你绝不能气馁，你一定行！"

母亲的话给了乔·吉拉德很大鼓舞，使他重新恢复了自信，重新燃起了对成功的渴望，他在心中暗暗发誓：我一定要证明父亲错了！我一定行！为了克服口吃的毛病，他选择了从事销售行业，而且是极具挑战性的汽车销售。工作中，他一直坚持以诚信

为本，谨守公平原则；工作方法上，他从不拘泥于"经验"，总是不断推陈出新，超越自我。

他的真诚、热情、别出心裁，赢得了客户的广泛青睐，他成功了！他从一个饱受歧视、一身债务、几乎走投无路的"废物"，一跃成为"世界上最伟大的销售员"！他被欧美商界誉为"能向任何人推销任何商品"的传奇人物，他所创下的纪录——连续12年，平均每天销售6辆汽车，迄今为止依然无人能够望其项背！而这一切，只缘于最初的那一句："我一定行！"

同样地，你也一定行！只要心中充满自信，相信成功一定不会遥远。

自信是成功的推动器，自信成就了一批批传奇人物。但是，自信绝不是英雄的专利，平凡人也需要自信，缺乏自信的人生必不完美，缺乏自信的人生不可能成功。

自信不是孤芳自赏，也不是夜郎自大，更不是得意忘形，毫无根据地自以为是和盲目乐观；而是激励自己奋发进取的一种心理素质，是以高昂的斗志、充沛的干劲迎接生活挑战的一种乐观情绪，是战胜自己、告别自卑、摆脱烦恼的一种灵丹妙药。

创造奇迹的不一定是天才，而是拥有自信的人

辩证地看，这个世界根本没有奇迹，是人们夸张了某些事的难度，其实很多事都是通过努力可以做到的，是我们贬低了自己，成就了它的神话。

如果我们非要称之为"奇迹"，那么"奇迹"也只属于有自信的人。生存法则就是这样：在左一轮右一轮的竞赛中将懦弱者淘汰，留下来的，不一定是最强的，但一定是最坚强的。或者是我们在给自己遮羞，由他们创造出来的事物，我们总是喜欢冠名以"奇迹"。

其实"奇迹"与"现实"并无界限，对于一百多年前的人们来说，飞上天是个神话，但有人创造了这个"奇迹"，从此以后，不会有人再觉得造一架飞机是什么难事。很显然，所谓"奇迹"，不是极难做到，不是不同寻常，而是我们还没有做，自己就先把自己否决了，心里打了退堂鼓，不战自败。

事在人为，这是个永恒不变的真理，你也可以创造"奇迹"，但前提是你要相信自己。你要做的，就是比你想得更疯狂些。只要你相信自己，去做了，就没有不可能。

第 59 届奥斯卡金像奖颁奖仪式那天，钱德勒大厅灯火辉煌、座无虚席，这里极度燃烧着人们的热情。在观众热切的企盼中，主持人宣布："最佳女主角奖由在《上帝的孩子》中表现出色的玛丽·马特林获得。"现场立即响起雷鸣般的掌声。在众人的祝福中，玛丽·马特林轻盈地走上舞台，从上届奥斯卡金像奖最佳男主角威廉·赫特手中接过了奥斯卡金像。

　　捧着象征崇高荣誉的奥斯卡金像，玛丽·马特林激动不已。她一定有许多话想对大家说，但是人们并没有听到她的声音，最后人们看到玛丽·马特林在向观众们打手语："其实，我并没有准备发言，此时此刻，我要感谢电影艺术科学院，感谢这个剧组的全体同事……"

　　原来，玛丽·马特林是一个聋哑人。

　　玛丽·马特林出生后 18 个月时，在一次高烧中失去了听说能力。但是，玛丽·马特林并没有被命运击垮，她相信自己仍然可以创造幸福的生活。

　　玛丽·马特林从小就热爱表演，8 岁时，她加入了伊利诺伊州的聋哑儿童剧院，一年之后，玛丽·马特林就在《盎司魔术师》中饰演了多萝西这个角色。但是，命运并没有因为玛丽·马特林的顽强而放弃了对她的折磨。16 岁那年，玛丽·马特林被迫离开了聋哑儿童剧院，幸运的是，玛丽·马特林常常接到一些邀请她用手语表演的角色。在这些表演中，玛丽·马特林找到了自己的人生定位。玛丽·马特林充分利用这些演出机会，提高自己的演技。一个机会，玛丽·马特林参加舞台剧《上帝的孩子》的演出，玛丽·马特林在其中饰演一个并不重要的角色。不久之后，一位名叫兰达·海恩斯的导演决定，将这部舞台剧拍成电影。

可是，兰达·海恩斯导演在为女主角萨拉寻找饰演者时遇到了很大的困难，她花了半年的时间先后来到美国、英国、加拿大和瑞典挑选女演员，然而大费周折也未能找到适合出演萨拉一角的人。有些失落的兰达·海恩斯回到美国，重新观看舞台剧《上帝的孩子》的录像，发现了演技高超的玛丽·马特林，立即决定邀请马特林加入剧组，饰演萨拉一角。

在这部电影中，玛丽·马特林没有一句台词，但是玛丽·马特林却十分珍惜这次来之不易的机会，她严谨地对待每一个镜头，凭借丰富且传神的眼神、表情和动作，将剧中人萨拉的自卑与不屈、喜悦与懊丧、孤独与多情、消沉与奋进的内心世界完美地表现出来。由此，玛丽·马特林正式走上大银幕，实现了自己人生的飞跃，成为美国电影史上第一个聋哑人影后。

在玛丽·马特林之前，没有人认为聋哑人可以成为影后或影帝，放弃这种追求，她活得可能更轻松，但却会像很多聋哑人一样，泯然于无声的世界中。玛丽把它变成了现实，她创造了属于自己的"奇迹"，这得益于她一直有这个信念。所以玛丽常说："我的成功，对每个人来说都是一种激励。"的确如此，一个人的一生中，最难得的就是拥有一颗坚韧、自信的心，始终相信自己能够创造"奇迹"。

有时候，创造奇迹的不一定是天才，而是拥有自信的人。

人们通常只看到自己的瑕疵，
而忽略了自身的优点

　　人生确实有许多不完美之处，每个人都会有这样或那样的缺憾。其实，没有缺憾我们无法去衡量完美。仔细想想，缺憾其实不也是一种美吗？

　　一位心理学家做了这样一个实验，他在一张白纸上点了一个黑点，然后问他的几个学生看到了什么。学生们异口同声地回答，看到了黑点。于是，心理学家得到了这样的结论：人们通常只会注意到自己或他人的瑕疵，而忽略其本身所具有的更多的优点。是呀，为什么他们没有注意到黑点外更大面积的白纸呢？

　　一位人力三轮车师傅，50多岁，相貌堂堂，如果去当演员，应该属偶像派。当别人问他为什么愿做这样的"活儿"，他笑着从车上跳下，并夸张地走了几步给人家看，哦，原来是跛足，左腿长，右腿短，天生的。

　　弄得问者很尴尬，可他却很坦然，仍是笑着说，为了能不走路，拉车便是最好的伪装，这也算是"英雄有用武之地"。他还骄傲地告诉别人："我太太很漂亮，儿子也帅！"

有这样一位女子，她喜欢自助旅行，一路上拍了许多照片，并结集出版。她常自嘲地说："因为我长得丑，所以很有安全感，如果换成是美女一个人自助旅行，那就很危险了。我得感谢我的丑！"

英国有位作家兼广播主持人叫汤姆·撒克，事业、爱情皆得意，但他只有 1.3 米，他不自卑，别人只会学"走"，他学会了"跳"，所以，他成功了。他有句豪言："我能够得到任何想要的东西。"

其实，在人世间，很多人注定与"缺陷"相伴，而与"完美"相去甚远。渴求完美的习性使许多人做事小心谨慎，生怕出错，因此，必然导致其保守、胆小等性格特征的形成。在现实生活中我们不难发现，有的人长得一表人才，举止得体，说话有分寸，但你和他在一起就是觉得没意思，连聊天都没丝毫兴致。这些人往往是从小接受了不出"格"的规范训练，身上所有不整齐的"枝杈"都被修剪掉了，于是便失去了独具个性的风采和神韵，变得干巴、枯燥，没有生机，没有活力。客观地说，人性格上的确存在着"缺陷美"，即在实际生活中，那些性格有"缺陷"而绝对不属于十全十美的人，反而显得更具有内在的魅力，也更具有吸引力。

不仅人自身是不完美的，我们生活的世界也是布满缺憾的。比如，有一种风景，你总想看，它却在你即将聚焦的时候巧妙地隐退；有一种风景，你已经厌倦，它却如影随形地跟着你；世界很大，你想见的人却杳如黄鹤；世界很小，你不想看见的人却频

频进入你的视线；有一种情，你爱得真，爱得纯，爱得忘了自己，而他（她）却视如垃圾，如果能够倒过来，多好，可以不让自己再忍受痛苦。世上有许多事，倒过来是圆满，顺理成章却变成了遗憾。然而，世上的许多事情正是在顺理成章地进行着，我们没办法将它倒过来。

缺陷和不足是人人都有的，但是作为独立的个体，你要相信，你有许多与众不同的，甚至优于别人的地方，你要用自己特有的形象装点这个丰富多彩的世界。也许你在某些方面的确逊于他人，但是你同样拥有别人所无法企及的专长，有些事情也许只有你能做而别人却做不了！

学会欣赏自己的不完美，并将它转化成动力，才是最重要的。

中国古代哲学家杨子曾对他的学生们说，有一次，我去宋国，途中住进一家旅店里，发现人们对一位丑陋的姑娘十分敬重，而对一位漂亮的姑娘却十分轻视。你们知道这是为什么吗？学生们听了之后说什么的都有。杨子告诉他们，经过打听才知道，那位丑陋的姑娘认为自己相貌差而努力干活且品格高尚，因此得到人们的敬重；那位漂亮的姑娘则认为自己相貌美丽，因而懒惰成性且品行不端，所以受到人们的轻视。

其实，做人的道理也是这样，是否被人尊敬并不在于外貌的俊与丑。美决不只是表面的，而是有着更深层次的内涵。如果表面的美失去了应该具有的内涵，就会为人们所舍弃，那位漂亮姑娘就是最好的例证。勤能补拙，也能补丑，这是那位丑姑娘给我们的启示。

欣赏自己的不完美，因为它是你独一无二的特征。欣赏自己的不完美，因为有了它才使你不至于平庸。不完美使你区别于人，世界也因你的不完美而多了一点色彩。

只要拥有一颗美好的心灵，你就拥有了吸引人的魅力

也许你不够漂亮，也许你不够潇洒，那你也大可不必为此自卑，只要你拥有一颗美好的心灵，你就拥有了吸引人的魅力。

丑女东施效仿西施"捧心而颦"，但人们都只说西施漂亮，见了东施却远而避之。这是为什么呢？为什么西施颦很美，东施颦却不美呢？两个动作完全相同，但效果却大相径庭，单单是因为西施本来就比东施漂亮吗？这只不过是原因之一，还有一个更重要的原因：西施的动作是真实的，她因心病而颦，自然之中流露出美；东施捧心而颦，只是一味地模仿，给人的感觉不是美，而是做作。所以，人们对待她们的态度也就截然不同。

"爱美之心，人皆有之"，扮美无可厚非。但外表的美是一种"浮华"，内在的美才是"沉香"。德国著名文学家歌德说："外

貌美只能取悦一时，内在美才能够经久不衰。"外表的欠缺不能代表什么，再美的容颜也会有褪色的一天。蕴含于内心深处的美德，却可历久弥馨。正所谓"腹有诗书气自华"，你不必因你表面的不足计较什么，真正的美在你心里。

只要你相信自己是最美的，你就肯定会变成最美的，因为自信能带给你红润的脸色、明亮的眼神、洒脱的举止、优雅的风度……只有走出不停掩饰的心理误区后，你才能让你的美丽不打折扣地显示出来，使人为之心动。

面对人世的许多事你无力回天，许多缺失你无法挽回，自卑、自怜无济于事。但你可以选择爱你的"心"，让你的心完美。也许你没有财富，也许你没有幸福的家庭，也许你没有美丽的容颜，但你一样可以让自己发光。

当美国的黄热病疯狂蔓延时，玛格丽特活了下来，成了一个孤儿。她在年纪不大时就嫁人了，但不久她的丈夫就死去了，她唯一的孩子也死去了。她非常贫穷，没有文化，除了自己的名字以外几乎什么都不会写。于是她就到女子孤儿收容所去谋生。她从早到晚地忙个不停，将整个生命都投入到照顾这些孤儿的工作中去了。当一家新的漂亮的收容所建造起来以后，玛格丽特和这些修女从原先艰苦的条件下摆脱了出来。后来，玛格丽特还在这个城市开了一家属于自己的乳品面包店。这个城市中的每个人都认识她，他们还资助她去购买运奶的小车和烤面包炉。玛格丽特非常努力地工作着，将节省下来的每一分钱都用来帮助那些孤儿，因为她已经把这些孤儿当成自己的亲生孩子了。而她自己从来就没有买过一件丝绸衣服，也没有戴过一双羊皮手套。但她的努力最终也得到了回报。她离开人世后，这座城市就为这些孤儿的朋友和保护者建造了一座美丽的纪念雕像，以表达对这个美丽的、无私的人的感激之情。

玛格丽特不曾拥有世人眼中的一切美好，但她却是最美的。因为她不曾因外表的一切而自卑、惰怠，她爱自己的"心"。这颗心让她在困苦的环境里给予别人、珍爱别人，因而她是伟大的。别人也许拥有她所没有的，而她却拥有了别人所得不到的。

生命的价值也许并不仅仅体现在强大的财力、曼妙的姿容、健康的体魄上……更本质的是，生命是否可以超越平凡，升入到更高的境地。在更高的天空，彩虹的美是有目共睹的。因为，只有经历过风雨的洗礼，生命才更美丽，才更能显示出它宝贵而华美的价值，才更凸显出美的含义。

涛的双腿残疾，但他的心情似乎从未因此而沉闷、忧郁，他在每日的黄昏都会吹起他心爱的笛子。

乐声像清晨的光芒，从他修长的手指间倾泻而出。那些欢快的、像露珠般纯洁、像水晶般剔透的音乐感染着附近的居民，给他们木然而单调的生活增添了一些鲜活的色彩。因为涛的笛声，人们发现天空是那么明丽，生活是那么轻松惬意。

那个时候，在炎热的夏夜，涛的笛声四处回旋，让人们忘却了白天工作的紧张、劳累和压抑。在灰色又琐碎的生活背后，普通人因涛的笛声而感到安详、快乐，而涛对每一天充满期待，对每一个邻居充满笑意和感谢。

涛只活到 30 岁，但他的生命历程到今天都没有消失。在那条街，只要有音乐，有夏夜的星空，就有涛临窗而坐的身影，有他蓬勃的生命力。

他常说一句话："我的脚不能走路了，我的音乐可以和人们一起走得更远。"

涛的生命是短暂的，并且在这短暂的生命里失去了走路的能力。但人们永远记得他的笛声，记得他带给别人的安详和快乐。

今生，不论你能走多远，不论你能得到多少生命的馈赠，爱你的"心灵"，别让它沾染人世的黑暗，别让它因为受苦而不再充满活力。

别把自己不当回事，也别拿自己太当回事

有人感叹说："人啊，别拿自己不当人，也别拿自己太当人。"乍听起来，似乎不通，但细细琢磨，大有深意。不拿自己当人，是严重的自卑；拿自己太当人，则是典型的自负。前者自轻自贱、妄自菲薄、自我否定，好像生来就不如人，时时不如人，处处不如人。后者妄自尊大、目空一切、自我膨胀，好像生来就高人一等，无人可比。后者很明显是属于虚荣心过强的一类

人。这类人在虚荣心的促使下，失去了对自我的客观评价。

有一只黑雁从小生长在雁群中，但是后来它觉得自己和其他伙伴越来越格格不入了。随着黑雁不断长大，它的身躯变得比一般的伙伴都要庞大，而且它是一身黑色，这样看来，它简直就是这个群体中的异类了。

同伴们并没有因为它的与众不同而排挤它，但是它却开始瞧不起自己的同伴了。

"它们一个个那么瘦小，真是可悲，而且颜色还那么难看，哪有我这种黑色高贵！哦！生活在这样一个家庭里真是太不幸了，我本来应该和黑色的乌鸦生活在一起的……"

黑雁觉得乌鸦的生活很有情调，就像一位高贵的黑衣妇人，可以整天什么都不干，闲的时候还可以唱唱歌。于是，黑雁一心一意想要搬去和乌鸦同住。可是，乌鸦发现黑雁长得和自己不一样，而且声音也不一样，因此不想让它和自己一起住。

乌鸦带着厌恶的口气说："难道你不知道吗？你和我根本就不是同一类，你再怎么高贵也只是一只大雁，我不会喜欢你的……"

吃了闭门羹的黑雁无可奈何地只好回头去找它原来的伙伴。

"你不是看不起我们吗？和我们在一起会给你丢脸的，你还是走吧，这里没有人欢迎你！"

于是黑雁只好孤单地离开了雁群，在天空中发出凄凉的叫声。

生活中，类似黑雁的"拿自己太当人"的人还真不少。有的

人刚当上个小小的什么官，就仿佛做了皇帝；有的人刚发了一点小财，就仿佛成了亿万富翁；有的人刚有了点小名气，就以为"老子天下第一"。

如果一个人太把自己当人，也就是太自负了，就容易陷入一种莫名其妙的自我陶醉之中，变得不切实际地自高自大起来。他无视所有人对他的不满和提醒，终日沉浸在自我满足之中，对一切功名利禄都要捷足先登，这样的人得到的永远都是大家对他的不屑和蔑视。

一个著名作家，在一个小女孩的书上签上自己的大名，却被小女孩擦掉了，还怪作家弄脏了她的书。作家很惊讶，由此得出一结论：别把自己太当回事。的确是这样，当你自我感觉良好、自命不凡的时候，也许别人根本就没把你看在眼里！

人生在世，各有各的位置，各有各的价值，我们每个人都不必拿自己不当人，也不应当拿自己太当一回事。

5

有希望在，地狱也是天堂

　　人真正的厄运是绝望，而不是厄运本身。你倒在了前进的路上，不是因为没有力气走完，而是看不到前方的希望。可是当一切过去，当你渡过难关再回头去看苦难的时候，一切都显得那么单薄，没有什么大不了。因此在困境中，不要绝望，一切都会好起来的，有希望在的地方，地狱也会是天堂。

人生真正的厄运是绝望，而不是厄运本身

在人生的征途上，我们需要保留的东西有很多，这其中有一样千万不能遗忘，那就是希望。希望是宝贵的，它犹如孕育生命的种子，可以随处发芽。只要抱有希望，生命便不会枯竭。

曾看到这样一则故事，至今仍回味无穷：

故事中说，有个突然失去双亲的孤儿，生活过得非常贫穷，那年唯一能让他熬过冬天的粮食，就只剩下父母生前留下的一小袋豆子了。

但是，此刻的他，却决定要忍受饥饿。他将豆子收藏起来，饿着肚子开始四处捡拾破烂，这个寒冬他就靠着微薄的收入度过了。也许有人要问，他为什么要这么委屈或折磨自己，何不先用这些豆子充饥，熬过了冬天再说？

或许，聪明的人已经猜到了，原来整个冬天，在孩子的心中充满着播种豆苗的希望与梦想。

因此，即使这个冬天他过得再辛苦，他也不曾去触碰那袋豆子，只因那是他的"希望种子"。

当春光温柔地照着大地，孤儿立即将那一小袋豆子播种下去，经过夏天的辛勤劳动，到了秋天，他果然得到丰富的收获。

然而，面对这次的丰收，他却一点也不满足，因为他还想要得到更多的收获，于是他把今年收获的豆子再次存留下来，以便来年继续播种、收获。

就这样，日复一日，年复一年，种了又收，收了又种。

终于，孤儿的房前屋后全都种满了豆子，他也告别了贫穷，成为当地最富有的农人。

读过这个故事以后我们应该能够认识到：凡是看得见未来的人，也一定能掌握现在，因为明天的方向他已经规划好了，知道自己的人生将走向何方。

只是我们太多的人在厄运面前丧失了希望，其实厄运往往是命运的转折，你战胜它就能成就新的命运，而一味埋怨、自暴自弃，厄运就不会成为幸运。所以当你感到彷徨无助，甚至想要自我放弃时，不妨想想卡夫卡的那句话——"不要绝望，甚至对你并不感到绝望这一点也不要绝望。恰恰在似乎一切都完了的时候，新的力量毕竟要来临，给你以帮助，而这正表明你是活着的。"

参观过美国历史博物馆的朋友可能知道，在这座博物馆内珍藏着一个橡皮辊。它是一个极其普通的"橡皮辊"，保洁工人曾经用它来清洁纽约世贸大厦的窗户。

那么，堂堂的美国历史博物馆，为什么会收藏这么一个极其普通的"橡皮辊"呢？

这里有一个故事，时间要追溯到2001年9月11日，这一天对于世界各国一切爱好和平的人民来说，尤其是对于美国人民而言，是一个充满恐怖和哀伤的日子。当恐怖分子劫持的第一架飞机撞向世贸大厦时，正在运行的一部电梯在突如其来的爆炸声中停止了工作，瘫痪在了北楼的第五十层。有6位乘客被困在了电

梯中，其中一位是清理大楼窗户的保洁工人，名叫丹姆克·佐尔。他们齐心协力地把电梯门扒开，可是，出现在他们眼前的不是出口，而是根本无法逃生的一堵墙。

就在大家陷入无可奈何之际，丹姆克·佐尔急中生智，用橡皮辊敲了敲那堵墙，从而断定它并不是由混凝土浇灌而成的。于是，他拆下橡皮辊上的刀片，并用它在墙上使劲地凿了起来。45分钟之后，他们终于凿出了一个逃生的洞口。6个人马上从洞口钻了出去，然后顺着楼梯往下跑。在他们跑出北楼还不足5分钟的时候，大楼就轰然倒塌了。在危急关头创造出这个逃生奇迹的关键工具，正是这个极其普通的"橡皮辊"。它因此被作为美国"9·11"事件的历史见证，被永久地珍藏在美国历史博物馆。

这根极其普通的橡皮辊不单单是一种历史见证，它更告诉我们：我们这一生所要走的路，基本不会是一条笔直平坦、风和日丽的康庄大道，不知道什么时候，生命中的暴风雨就会降临，但即便如此我们也不能放弃，无论身处何种危险境地，我们都不可以放弃心中的希望。其实所谓厄运并没有那么可怕，它虽然能给意志薄弱者以致命的打击，但对于意志坚强者更是一种锤炼。人应该具有这样一种气概：以淡定从容来应对凄风苦雨，以无所畏惧来迎接魑魅魍魉。那么对你来说，人生便不会再有不可突破的绝境，因为人生真正的厄运是绝望，而不是厄运本身。

或许你一路走来真的很艰辛，其中的酸甜苦辣只有你自己知道，但只要你能做到"不抛弃，不放弃"，就会有希望。假如命运对你真的很不公平，它折断了你航行的风帆，那也不要绝望，因为岸还在；假如它凋零了美丽的花瓣，同样不要绝望，因为春还在；假如你的麻烦总是接踵而至，还是不要绝望，因为路还在，梦还在，阳光还在，我们还在。生活需要我们持有这种乐观的心态，只有这样我们才能发现它的美好。生活是具有两面性的，纵然是在令人痛不欲生的苦难中，也蕴含着细微的美妙，虽然它很细微，但只要你有一双发现美的眼睛，就能在厄运中抓住人生前行的希望。如果你能留住心中的"希望种子"，你的前途必然无可限量，因为心存希望，任何艰难都不会成为我们的阻碍。只要怀抱希望，生命自然会激情绽放。

没有信念的人，只有数不尽的荒凉

人的行为受信念所支配，而所创造的结果则由行为产生，因而可以说，信念决定着结果。

把"信念"这两个字拆开来看："信"字就是人言，即人说的话；"念"就是今天的心。"信念"二字组合起来就是——今天我的心对自己说的话。

"今天我的心对自己说的话"，如一粒种子，扎根在人生这个广袤空间之中，只要环境允许，就会生根发芽，破土而出。人生有了这粒种子，哪怕障碍重重，依然不屈不挠。

一场突如其来的暴风雨使一位旅行者在沙漠中迷失了方向。

更可怕的是，他的旅行袋也被风暴卷走了，那里面装着水和干粮。他翻遍身上所有的口袋，只找到了一个青苹果。

"感谢上帝，我还有一个苹果！"旅行者看到了生命的希望。

他紧紧攥着那个苹果，独自一人在沙漠中寻找出路。每每干渴、饥饿、疲劳来袭之时，他都要看一看手中的苹果，抿一抿干裂的嘴唇，陡然又会增添不少力量。

两天以后，他终于走出了荒漠，而那个他始终不舍得咬一口的青苹果，如今已干瘪得不成样子，他却仍然像攥着宝贝一样地攥在手里。

一个再平常不过的青苹果，怎会拥有如此不可思议的力量？因为此时它已转化为一种信念——维持生命的希望，只要这个希望还在，就足以支撑他不至于倒下去。可以想象，在生命中最困苦的时刻，这个人一定对苹果做出过想象，他可能把它想象成"救世主"，也可能把它想象成"平安夜的祝福"，还可能把它想象成"心爱的姑娘"……总之，这个苹果的意义已经不再平凡，它升华成了苦难者的精神食粮，是托起生命的坚强支柱。

生活中没有信念的人，犹如一个没有罗盘的水手，在浩瀚的大海里随波逐流。看不到尽头，看不到希望，所剩下的，只有迷失的航向和数不尽的迷茫。

在美国纽约有一个警察，他在执行任务时被匪徒射中左眼和右膝盖骨。3个月以后，当他从医院出来时，已经完全变了模样：曾经英俊挺拔、双目炯炯有神的小伙子，成了一个又跛又瞎的残疾人。

他因此消沉了吗？不！他不顾身体现状，坚决要参与抓捕行动，他势必要把那个匪徒抓捕归案。为了这个信念，他几乎跑遍了整个美国，甚至为了一个"小道消息"独自一人飞往欧洲。

9年后，那个匪徒终于在亚洲某个小国落网，当然，他起到了非常关键的作用。在庆功会上，他再次成为英雄，媒体将其誉为"全美利坚最坚强、最勇敢的人"。然而仅仅过了半年，他就在自己的家中割脉自杀了。

在遗书中，人们找到了他自杀的原因——他死于绝望："多年以来，支撑我活下去的信念就是抓住凶手……如今，伤害我的凶手得到了应有的惩罚，我的仇恨被化解了，可生存的信念也随之消失。面对自己的伤残，我从来没有这样绝望过……"

我们当然不提倡将仇恨作为一种信念，但透过这些事件你应该有所感悟：信念能够创造生命的奇迹，拥有它时，生命就会被激发出无穷力量；失去它时，生命就会无限荒凉。

有希望的地方，生命就会生生不息

在菲律宾西部海岸，每年秋天都能看到这样一个壮观的场面：海面上黑压压地飞来一片云，飞近了才知是南迁的燕子。它们欢快地鸣叫着，慢慢靠近海岸，但是人们惊奇地看到，一旦到了海岸和沙滩，许多燕子都飞不起来了，永远地闭上了眼睛。遥远的路途飞完了，没有死于皑皑雪峰，没有死于茫茫大海，没有死于

暴风骤雨，却死于目的地那细软的沙滩上。

为什么会发生这样的悲剧？如果沙滩再远两三千米，许多燕子难道就飞不到吗？如果雅典再远三五十米，难道斐迪辟就坚持不住吗？他们一定能坚持下去，一定会到达目的地。悲剧发生的原因恰恰是因为目的地到达了，支持他们的信念突然消失了，意志瞬间松懈，身体也随之极度衰弱，于是生命之灯熄灭了。

希望，就是生命的翅膀，只要心存希望，总有奇迹发生，纵然希望有时渺茫，但它永存世上。

美国作家欧亨利在他的小说《最后一片叶子》里讲了个故事：病房里，一个生命垂危的病人从房间里看见窗外的一棵树，树叶在秋风中一片片地掉落下来。病人望着眼前的萧萧落叶，身体也随之每况愈下，一天不如一天。她说："当树叶全部掉光时，我也就要死了。"一位老画家得知后，用彩笔画了一片叶脉青翠的树叶挂在树枝上。最后一片叶子始终没有掉下来。只因为生命中的这片绿，病人竟奇迹般地活了下来。

人这一生可以没有很多东西，却唯独不能没有希望。有了希望，我们才知道自己为什么而活，有希望的地方，生命就会生生不息！

乔治是一位癌症晚期患者，病魔的摧残令他几次想要了结此生。在确诊病情至今不足 2 个月的时间里，乔治的体重由 70 千克，降到了不足 50 千克，他仿佛感觉到死神正在一步一步逼近自己。

不久，乔治转入一家医疗设施相对较好的医院，他的主治医师名叫布鲁克，在癌症治疗领域颇具盛名。布鲁克对乔治说道："医院已经决定成立最好的医疗小组帮助你对抗病魔，我任组长。在院的每一天，我都会把治疗进度详细地告知与你，你随时都可以了解自己的病情。"

布鲁克医生说到做到，乔治的焦躁情绪渐渐得到缓解，他又点燃了与癌症抗争的信念。一个月以后，当乔治看到复查结果时，他简直不敢相信自己的眼睛——癌细胞扩散竟然被控制住了！

"从现在开始，你每天利用一段时间想象自己体内白血球与癌细胞对抗的情形，而且一定要让前者打败后者。"布鲁克医生对乔治说道。

乔治依照布鲁克医生的话去做，半年以后，一个出乎意料又似在意料之中的消息传出——医疗小组成功战胜了癌症，令乔治痛不欲生的病魔被赶跑了！

"如果你不想死，任谁也夺不去你的性命，包括癌症。"布鲁克医生微笑着说。

其实，我们完全可以借助心灵的力量来影响自身命运，包括生死。如果你不想失败，任谁也不能将你打倒，包括命运！

所以，不管人生旅途多么遥远，多么艰险，都不要失去希望，因为希望是生命的翅膀。

心存希望，才会在失望中涅槃而生

鲁迅先生说："希望是附丽于存在的，有存在便有希望，有希望便是光明。"当我们面对濒临绝望的境地时，心中必须对希

望有一份坚守，并不断地去努力寻找希望，只有如此，才会在失望中涅槃而生。

有两位英国考古学家，为了寻找所罗门王朝的遗址，他们历尽千辛万苦，穿越了热带丛林、沼泽、沙漠，最后终于到达了遗址的所在地。在发掘中，他们意外地发现了所罗门王的墓地。这个墓地建在一个山洞中。当他们走进山洞的时候，洞口的巨石突然坍塌下来，堵住了洞口。他们使出了浑身的力气，想推开它，但巨石始终纹丝不动。无奈之下，他们只好举着火把向山洞里走去，去寻找其他的出口。然而，直到山洞的尽头，依然没有出口。顿时，一种恐惧感涌上他们的心头，使他们都想到了死亡！面对着洞壁那黑森森的岩石，他们感到窒息。然而，即使在走投无路的生死关头，他们也没有绝望，更没有坐以待毙，一种求生的意念仍然支撑着他们继续寻找下去。

当他们喝完最后一滴水，疲惫地坐在地上，望着眼前石壁上的雕刻，想着这次发现的重大意义时，一定要找到出口的念头就如同插在岩壁上的火把那样，照亮了他们孤寂的心。他们想到墓穴如果是封闭的，山洞里就会缺氧，火把就会熄灭。现在火把仍在燃烧，这就说明洞中还有氧，山洞与外界并没有完全隔绝。于是，他们继续寻找。终于在一个地方发现火把突然更亮了，并且随风抖动起来，隔着岩壁还能听到潺潺的流水声，随即便看到了用碎石阻隔着的另一个洞口……

他们终于走出了绝境，将所罗门王朝遗址的奥秘公之于世。

无论遇到怎样的磨难，无论面临怎样的困境，我们都要坦然面对，只要心里尚有突破的希望，每一个明天都能给人带来惊喜。

其实，生活的现实对于我们每个人本来都是一样的。但一经各人不同"心态"的诠释后，便代表了不同的意义，因而形成了不同的事实、环境和世界。心态改变，则事实就会改变；心中是什么，则世界就是什么。心里装着哀愁，眼里看到的就全是黑暗；心里装着信念、坚忍，你的世界亦会随之刚强起来。

多年前，有一个美国女孩因为一场意外使双眼受了重伤，她只能借助左眼角的小缝隙勉强看到东西。在童年时，她很喜欢和邻居家的孩子们玩跳房子游戏，不过，她根本看不见记号，所以只有将自己游玩的每一个角落都记在心中。这样，即便是和孩子们赛跑她也从来没有输过。正是凭着这种坚韧的精神，长大以后她斩获了明尼苏达大学文学学士及哥伦比亚大学的文学硕士双重学位。

她年轻时曾经在明尼苏达的一个乡村里当过教师，后来又成了"奥加斯达·卡雷基"的新闻学和文学教授。这13年她过得很充实，她不止教书育人，还在妇女俱乐部做演讲，在电台做谈话节目。再后来，她写了一本自传体小说——《我想看》，一经发表立即引起轰动，成为畅销很久的文学名作。她就是50年如盲人般生活的波基尔多·连尔教授。

对于自己的成功，她这样说："其实在我的心中，不时也会冒出是否会变成全盲的恐惧，但是我坚信生活会很美好，我以一种乐于面对的高度去面对我的人生。"或许是上天对于她这份坚持的奖励，终于在52岁时，波基尔多·连尔教授经过现代先进医术的治疗，获得了40倍于以前的视力。相信，如果没有对于信念的坚守，她所看到的一定不会是如此绚烂的世界。

只要还相信有希望，就会有奋斗，就会有机会。最悲惨的就

是万念俱灰。一些人在连续遭遇挫折后，失去了自信心，经历了多次众叛亲离，以致最终绝望。其实，人在低谷的时候，只要你抬脚走，就会走向高处，这就是否极泰来；如果你躺下不动了，这就是坟墓。

诚然，你有权利选择战斗或放弃，但结果肯定大不相同。幸福眷顾那些刚强之人，无论现实何等残酷，只要精神屹立不倒，人生就还有欢乐存在。人活于世，始终要保留着希望，丢失了希望，与行尸走肉又有何异？事实上，只要我们能够在逆境中坚守希望，总会有雨过天晴的时候。

能从坏中看到好，就会柳暗花明

总从坏的一面看问题是一种悲观心态，它会抑制你的进取心，让你被忧虑侵蚀，因此我们一定要战胜这种不良心态。

一场大水冲垮了她家的泥屋，家具和衣物也都被卷走了。洪水退去后，她坐在废墟上哭了起来：为什么她这么不幸？以后该住在哪儿呢？镇里的表姐带了东西来看她，她又忍不住跟表姐哭诉了一番，没想到表姐非但没有安慰她，还斥责起她来："有什么好伤心的？泥房子本来就不结实，你先租个房子住段时间，再盖个砖瓦的不就好了！"

故事中的女人就是生活中的悲观者的代表，他们遇事总是拼命往坏的一面想，自找烦恼，死钻牛角尖，不问自己得到了什么，只看自己失去了多少，结果情况越来越糟糕，心情越来越低落。其实任何事情都有坏的一面和好的一面，如果能从积极的方面看问题，那么就会有一个截然不同的结果，做起事来也就会更加得心应手。

美国的"波音公司"和欧洲的"空中客车公司"曾为争夺日本"全日空"的一笔大生意而打得不可开交，双方都想尽各种办法，力求争取到这笔生意。由于两家公司的飞机在技术指标上不相上下，报价也差不多，"全日空"一时拿不定主意。

可就在这关键时刻，短短两个月的时间里，就发生了3起波音客机的空难事件。一时间，来自四面八方的各种指责向波音公司扑面而来，"波音公司"产品质量的可靠性受到了前所未有的质疑。这对正在与"空中客车"争夺的那笔买卖来说，无疑是一个丧钟般的讯号。许多人都认为，这次"波音公司"肯定要败下阵来了，但"波音公司"的董事长威尔逊却不这样想。他马上采取补救措施，向公司全体员工发出了动员令，号召公司全体上下一齐行动起来，采取紧急应变措施，力闯难关。

他先是扩大了自己的优惠条件，答应为"全日空航空公司"提供财务和配件供应方面的便利，同时低价提供飞机的保养和机组人员培训；接着，又针对"空中客车"飞机的问题采取对策，在原先准备与日本人合作制造A-3型飞机的基础上，提出了愿和他们合作制造较A-3型飞机更先进的767型机的新建议。空难前，波音原定与日本三菱、川琦和富士三家著名公司合作制造

767 客机的机身。空难后，波音不但加大了给对方的优惠，而且还主动提供了价值 5 亿美元的订单。通过打外围战，波音公司博取到日本企业界的普遍好感。在这一系列努力的基础上，波音公司终于战胜了对手，与"全日空"签订了高达 10 亿美元的成交合同。这样，波音公司不光渡过了难关，还为自己开拓了日本这个市场，打了一场反败为胜的漂亮仗。

出现危机并不可怕，可怕的是被危机吓得跌倒在地，自暴自弃。危机未必就是坏事，它有时反而会成为一个新的契机。所有的坏事情，只有在我们认定它不好的情况下，才会真正成为不幸事件。

凡事多往好处想，面对阳光，你就看不到阴影。只要凡事肯向好处想，自然能够转苦为乐，转难为易，转危为安。

好好活着，梦想总有实现的时候

当生活出现灾难的时候，事实上，我们可以凭着自己坚定的理念和梦想，在绝处中寻找生机，而不是用死亡来拒绝面对难题。若灾难已是不可避免的，不可能再有任何转机的时候，我们也要保持理智清醒的头脑，尽快地接受现实。我们要有信念：只要不绝望，就会有希望！

18 岁那年，英格丽·褒曼的梦想是在戏剧界成名。但是，她的监护人奥图叔叔却要她当一名售货员或者秘书。为此两人争执不下，奥图叔叔答应给她一次参加皇家戏剧学校考试的机会。如果考不上的话就必须服从他的安排。

为了能考上皇家戏剧学校，英格丽·褒曼还颇费了一番心思。一方面，她为自己精心准备了一个小品，表演一个快乐的农家少女，逗弄一个农村小伙子。她比他还胆大，她跳过小溪向他走去，手叉着腰，朝着他哈哈大笑。她反复认真地排练这个小品；另一方面，在考试的前几天，她给皇家剧院寄去一个棕色的信封，如果失败了，棕色的信封就退回来，如果通过了，就给她寄来一个白色信封，告诉她下次考试的日期。

考试的时候，英格丽·褒曼跑两步在空中一跳就到了舞台的正中，欢乐地大笑，接着说出第一句台词。这时，她很快地瞥了评判员一眼，惊奇地发现评判员们正在聊天，相互大声谈论着，并且比画着。见此情景，英格丽·褒曼非常失望，连台词也忘掉了。她还听到了评判团主席对她说："停止吧！谢谢你……小姐，下一个，下一个请开始。"

英格丽·褒曼听到这话后彻底失望了，她好像什么人也看不见、什么也听不见，在舞台上待了30秒就匆匆下台。她感到自己唯一能做的一件事就是去投河自杀。

她站在河边，准备结束自己的生命，当她的目光投到河面上时，发现水是暗黑色的，发着油光，肮脏得很。此时她猛然想到的是，等她死了以后，别人把她拖上岸后身上会沾满脏东西，还得咽下那些脏水。她又犹豫了："唔！这样不行。"于是她就放弃了自杀的念头，回家去了。

第二天，有人给她送去了白信封。白信封？她有了白信封。她真的拿到了被录取的白信封。多年后，已成为明星的英格丽·褒曼碰见了那位评判员。闲聊之际，便问道："请告诉我，为什么在初试时你们对我那么不好？就因为你们那么不喜欢我，我曾经想去自杀。"

　　"不喜欢你？"那位评判员瞪大眼睛望着她，"亲爱的姑娘，你真是疯了！就在你从舞台侧翼跳出来，来到舞台上的那一瞬间，而且站在那儿向着我们笑，我们就转身彼此互相说着：'好了，她被选中了，看看她是多么自信！看看她的台风！我们不需要再浪费一秒钟了，还有十几个人要测试哪！叫下一个吧！'"

　　其实，一个人的梦想是与自己共存亡的东西，千万不可放弃。哪怕是置身于生死边缘的汪洋之中，只要还能抓住一块浮木，就在它上面写上"梦想"二字，只要还有生的希望，就应该让梦想和你生死与共。只要不放弃，梦想总有实现的时候。

第二辑
本色出演：留住生命的纯粹

我们每个人都有自己的角色、自己的台词，无论好还是坏。生活总在继续，我们只有努力演好自己的角色，不必为任何人而改变自己。花儿不为谁喜爱，只为一季的盛开；大海不为谁喝彩，只为心灵的澎湃；做人不为谁青睐，只为生命的自在。喜欢的，就去追求；幸福的，就去拥有；在意的，就去珍惜。谁人不被评说，哪事不被议论，做不到人人都喜欢，也无悔无怨；不可能事事都周全，只要尽心尽力。我们可以走别人的路，却不能吃别人剩下的饭，勇敢做自己，活出自己的本色，生命才会更精彩。

1

在脆弱地等待救援的生命面前，所有的一切不值一提

逍遥的本质，就是"无所待"。只有不依赖和等待任何人，人生才能自在。你将来是什么样子，只有自己才有资格判定。如果你有实现梦想的勇气，有将梦想转化为现实的行动，那么，成功指日可待。

把生命的核心交给别人，这是多么危险的事情

小蜗牛问妈妈："为什么我们从生下来，就要背负这个又硬又重的壳呢？"

妈妈告诉它："因为我们的身体没有骨骼的支撑，只能爬，又爬不快。所以要这个壳的保护！"

小蜗牛："毛虫姐姐没有骨头，也爬不快，为什么它却不用背这个又硬又重的壳呢？"

妈妈："因为毛虫姐姐能变成蝴蝶，天空会保护它啊。"

小蜗牛："可是蚯蚓弟弟也没骨头，爬不快，也不会变成蝴蝶，它为什么不背这个又硬又重的壳呢？"

妈妈："因为蚯蚓弟弟会钻土，大地会保护它啊。"

小蜗牛哭了起来："我们好可怜，天空不保护，大地也不保护。"

蜗牛妈妈安慰它："所以我们有壳啊！我们不靠天，也不靠地，我们靠自己。"

这和我们做人是一个道理。如果我们想给予生命足够的安全感或者成功，就必须依靠自己的力量。若是把希望寄托在别人身上，你也许永远也得不到自己真正想要的。

我们这一生会遇到很多问题，而解决问题的途径只有两种：一种是自己解决，一种是靠别人帮助。但是，只有内因是解决问题的根本所在，谁都不可能一直依靠外力来解决。打个比方：一个人没钱吃饭，快要饿死了，如果他不主动挣钱，每次都靠别人施舍，那么这个吃饭的问题就一直没有得到真正的解决。我们生命中的很多东西，都需要以此为戒。

春秋战国时期，一位父亲和他的儿子出征打仗。父亲已做了将军，儿子还只是马前卒。又一阵号角吹响，战鼓雷鸣了，父亲庄严地托起一个箭囊，其中插着一支箭。父亲郑重对儿子说："这是家袭宝箭，佩带身边，力量无穷，但千万不可抽出来。"那是一个极其精美的箭囊，厚牛皮打制，镶着幽幽泛光的铜边儿，再看露出的箭尾，一眼便能认定它是用上等的孔雀羽毛制成的。

儿子喜上眉梢，贪婪地猜测着箭杆、箭头的模样，耳旁仿佛有"嗖嗖"的箭声掠过，敌方的主帅应声折马而毙。果然，佩带宝箭的儿子英勇非凡，所向披靡。当鸣金收兵时，儿子再也禁不住得胜的豪气，完全背弃了父亲的叮嘱，强烈的欲望驱赶着他大呼一声就拔出宝箭，试图看个究竟。骤然间，他惊呆了。一支断箭，箭囊里装着一支折断的箭。

儿子吓出了一身冷汗，仿佛顷刻间失去支柱的房子，轰然意志坍塌了。

结果不言自明，儿子惨死于乱军之中。

战场硝烟散尽时，父亲捡起那柄断箭，沉重地叹一口气道：

"不自信的人，永远也做不成将军。"

把胜败寄托在一支宝箭上，多么愚蠢！把性命交给别人，又是多么危险！能保护你、拯救你、强大你的，只能是你自己。

别去想什么救世主，没有人对你的帮助是理所当然的，更多的时候你会失望，甚至是绝望，你改变不了环境，也改变不了别人，能改变的只有你自己。

人生的困厄不是来自生活的贫穷，而是来自在生活中尊严的丧失。想要活得有尊严一些，那么首先你要看得起自己，让自己时时刻刻地感受到自己的力量。无论何时何地，何种境况，不要小看自己，不要迷失自己，不要放弃自己。

被别人剥壳而出的小鸡，没有一个能活下来

依赖是对生命力的一种束缚，如果处处借助他人的力量帮助自己达成目的，那就好比建在沙滩上的大厦，没有坚实的基础，一阵海浪过来，就会毁于一旦。

有一则佛经故事说：德山禅师在尚未得道之时曾跟着龙潭大师学习，日复一日地诵经苦读让德山有些心烦。一天，他跑来问师父："我是师父翼下正在孵化的一只小鸡，真希望师父从外面

尽快啄破蛋壳，让我早一天破壳而出啊！"

　　龙潭笑着说："被别人剥开蛋壳而出来的小鸡，没有一个是能活下来的。母鸡的羽翼只能提供小鸡成熟和有破壳力量的环境，你突破不了自我，最后只能胎死腹中。不要指望师父能给你什么帮助。"

　　德山听后，满脸疑惑，还想开口说些什么，龙潭说："天不早了，你也该回去休息了。"德山掀开门帘走出去时，看到外面非常黑，就说："师父，天太黑了。"龙潭便给他一支点燃的蜡烛，他刚接过来，龙潭就把蜡烛吹灭，并对德山说："如果你心头一片黑暗，那么，什么样的蜡烛也无法将其照亮啊！即使我不把蜡烛吹灭？"德山听后，如醍醐灌顶，后来果然青出于蓝，成了一代大师。

　　人生道路需要我们自己用脚去行走，没有谁会一直甘心做你的支撑。无论是工作还是生活，谁会跟随你一生？只有你自己。其实，每个人都可以成为自己的上帝，每个人也都应该成为自己的上帝，当人生迷失方向之时多问问自己："我该怎么办？我能怎么办？我会怎么办？"在你能对这些问题作出精确判断并着手进行解决时，你就是自己的上帝了。

　　有两个西班牙人，一个叫布兰科，一个叫奥特加。虽然他们同龄，又是邻居，但家境却相差很远。布兰科的父亲是一个富商，住别墅，开豪车。而奥特加的父亲却是一个摆地摊的，住棚屋，靠步行。

　　从小，布兰科的父亲就这样对儿子说："孩子，长大后你想

干什么都行，如果你想当律师，我就让我的私人律师教你当一名好律师，他可是出名的大律师；你如果想当医生，我就让我的私人医生教你医术，他可是我们这里医术最高的医生；如果你想当演员，我就将你送去最好的艺术学校学习，找最好的编剧和导演来给你量身定做角色，永远让你当主角；如果你想当商人，那么我就教你怎样做生意，要知道，你老爸可不是一个小商人，而是一个大商人，只要你肯学，我会将我的经商经验全都传授给你！"

奥特加的父亲则总是这样对儿子说："孩子，由于爸爸的能力有限，家境不好，给不了你太多的帮助，所以我除了能教你怎样摆地摊外，再也教不了你任何东西了。你除了跟我去学摆地摊，其他的就是想也是白想啊！"

两个孩子都牢牢地记住了自己父亲的话。布兰科首先报考了律师，还没学几天，他就觉得律师的工作太单调，根本就不适合他的性格。他想，反正还有其他事情可以干，于是，他又转去学习医术。因为医生每天都要跟那些病人打交道，最需要的就是耐心，还没干多久，他又觉得医生这个职业似乎也不太适合他。于是，他想，当演员肯定最好玩，可是不久后，他才知道，当演员真的是太辛苦了。最后，他只得跟父亲学习经商，可是，这时，他父亲的公司因为遭遇金融危机而破产了。

最终，布兰科一事无成。

奥特加跟父亲摆了几天地摊后，就哭着不肯去了，因为摆地摊日晒雨淋不说，还常遭人白眼。可是，一想到除了摆地摊，再也没别的事可干，他又硬着头皮跟父亲出发了。可是，还没干几天，他又受不了了，又吵着闹着不肯去了。因为没事可干，不久，他又跟着父亲出发了。

慢慢地，他竟然从摆地摊中发现，要想永远摆脱摆地摊的工作，就得认真地将地摊摆好。结果，几年后，他终于拥有了自己的专卖店。30 年后，他拥有了属于自己的服装集团。如今，该集团在世界 68 个国家中总计拥有 3691 家品牌店，一跃成为世界第二大成衣零售商。奥特加以 250 亿美元的个人资产，位列《福布斯》2010 年世界富豪榜第 9 位。

如果一心等待别人的帮助，以为只要借助外力，就能够顺利地活着，基本不会有出息。这就如同一些鱼儿，只是随波逐流，等待大自然的赐予，赐予它们丰盛的食物，全新的、安定的生活，可是它们等到的，却是沙滩上的搁浅，无力进退，生命风干。然而还有另一些鱼儿，它们一直在尝试改变命运，或是逆流而上跃过龙门，或是强化自己成为霸主，它们，才是大海正真的主人。

你才是自己的救世主，如果你不肯付出努力，谁又救得了你？所以，当你自以为困难重重的时候，不要一直啜泣着等待救世主的出现，因为你完全有能力改写自己的命运，你可以顽强地活下去，而且会活得更好。这个世界根本没有什么救世主，除了我们自己。

如果你不坚强，没人替你勇敢

　　"当灵魂迷失在苍凉的天和地，还有最后的坚强在支撑我的身体，当灵魂赤裸在苍凉的天和地，我只有选择坚强来拯救我自己。"有时候，你真的不得不坚强，因为如果你不坚强，没人会替你勇敢。

　　陈丹燕老师在《上海的金枝玉叶》中描写了这样一个美丽的女子——郭婉宝（戴西），她是老上海著名的永安公司郭氏家族的四小姐，曾经锦衣玉食，应有尽有。时代变迁，所有的荣华富贵随风而逝，她经历了丧偶、羞辱打骂、一贫如洗……一度甚至沦落到在乡下淘鱼塘清粪桶，但那么多年的磨难并没有使她心怀怨恨，她依然美丽、优雅、乐观，始终保持着自尊和骄傲。她有着喝下午茶的习惯，可是家中早已一贫如洗，烘焙蛋糕的电烤炉没了多年，怎么办？这些年她一直自己动手，用仅有的一只铝锅，在煤炉上烘烤，在没有温度控制的条件下，巧手烘烤出西式蛋糕。就这样，几十年沧桑，她雷打不动地喝着下午茶，吃着自制蛋糕，怡然自得，浑然忘记身处逆境，悄悄地享受着残余的幸福。

　　这就是坚强，一种生活的态度，淡定而从容。生活就是这样，有时意料之中，有时意料之外。不过悲也好，喜也好，你都得活着，都要面对，等你的年龄到了足以有资格回味往事之时，你会发现，那正是你的人生。而这一路陪你走来的，不是金钱，不是欲望，不是容貌，恰恰就是你那颗坚强的心。

也许你有些害怕人生的风雨，于是你不想长大，但很多我们不想经历的，终究还是要经历。长大了就是长大了，就要承受很多东西。人生，从来都是苦大于乐、福少于难的，你得学会苦中作乐，因为如果你不坚强，没人替你勇敢。

或许，如果可以，你更愿意每天随心所欲，不用早起，不用在地铁上拥挤，不必看老板的脸色，在遭遇挫折以后，不需理睬什么"在哪里跌倒就在哪里站起"。是的，如果可以，你更愿意蹲下来怀抱双膝，慢慢疗伤……可是，人生没有如果，即使有一千个理由让你黯淡消沉，你也必须选择一千零一次地勇敢面对，因为你不坚强，没人替你勇敢。

有时候，看似好友成群，每天的哥们儿义气、姐妹情谊，可真的到了关键时刻，能帮得了自己的却不见一人，所以做任何事情，不要总想着依靠别人，在这个物质至上的社会，你如何百分百确定那人就是真心助你？所以，你凡事还得靠自己，因为如果你不坚强，没人替你勇敢。

暴风雨之夜，一只蝴蝶被打落在泥潭中，它想飞，它拼命挣扎，可是风雨太大，心有余而力不足。在无数次努力失败以后，它大概打算放弃了，这时，一缕阳光射来，映照着它美丽的翅膀，它再一次选择了坚强。经过一次次试飞，它终于挣脱了泥

潭，挥动着仍带有泥点的翅膀，在阳光中散发着七彩的光芒。蝴蝶永远知道：如果它不坚强，没人替它勇敢。

人生的绽放，需要你的坚强，没了坚强，你会变得不堪一击，只有经历地狱般的折磨，才会有征服天堂的力量，只有流过血的手指，才能弹出人世间的绝唱！

当每天的坚强成为一种习惯，我们便不会再抱怨天地，你会发现生活虽然有无奈、愤恨、不公、苦痛，但只要坚强面对，它们根本不值一提，不过是生命中的一个插曲。

惶恐滩头，只有你能摆渡你自己

人的一生，要走很远的路，有顺风坦途，有荆棘挡道；有花团锦簇，有孤独漫步；有幸福如影，有痛苦随行；有迅跑，有疾走，有徘徊，还有回首……正因为走了许多路，经历了无数繁华与苍凉，喜悦与落寞，我们才能在时光的流逝中体会岁月的变迁，让曾经稚嫩的心慢慢地趋于成熟。

其实苦是生活的原味，累是人生的本质。你走得再远，爬得再高，也脱离不了苦与累的纠缠。人生就是一种承受，一种压力，你能在负重中前行，障碍中奋进，那么无论走到哪里，你都能够支撑自己。所以失败时就多给自己一些激励，孤独时就多给自己一些温暖，让自己的心灵轻快些，让自己的精神轻盈些。因为你心情的颜色会影响世界的颜色。如果我们对生活抱有一种达观的态度，就不会稍不如意便自怨自艾，只看到生活中不完美的一面。我们的身边大部分终日苦恼的人，或者说我们本人，实际上并不是遭受了多大的不幸，而是自己的内心素质存在着某种缺陷，对生活的认识存在偏差。

清华大学出了一个与众不同的才子，他只是第 15 食堂的一个面点厨师，却以 630 分的英语托福成绩震惊海内外，人们亲切地叫他"清华馒头神"。

这个人叫张立勇，他读到高二时，因为交不起学费被老师劝回家去"自习"，那时他才 18 岁。那天，他带着满满的屈辱感从 60 里外的县城徒步回家，饿得两眼昏花，但凡见到能吃的东西，他都恨不得扑上去咬两口。

那天，父亲第一次在儿子面前落泪了。也是那天，父亲带着儿子挨家借学费，有人婉言拒绝，但也有人粗声呵斥："穷成这样了，还读什么书？"字字如钢针，字字扎人心。当晚，好强的张立勇作出决定：瞒着父亲辍学打工。

清华大学真美，也真大。每天早上，朝气蓬勃的学子们由北面的学生区往南面的教学区走，张立勇则背道而驰，因为他要去的不是教室，而是食堂。脚下同样的土地，脸上同样的青春，却在截然不同的两种人生上行走。张立勇暗暗发誓："我一定要与你们殊途同归！"

张立勇喜欢英语，他在高中时英语成绩就很好，于是决定就从英语下手。他买来了很多工具书，开始自学。时间紧张，他就挤时间，厨师吃饭规定是 15 分钟，他肯定在 7 分钟以内吃完，挤出 8 分钟背英语；精神疲劳，他就学古人"头悬梁，锥刺股"，他事先倒一杯开水，猛地喝一口，烫得舌尖钻心地疼，瞌睡虫果然被赶走了。

　　过年回家，张立勇无意间说起自己的"创意"，恰巧被父亲听到。那天夜里，父亲倒了一杯开水，猛喝一口，随即惨叫起来，舌头上烫起了一层泡。老伴忍不住嗔了两句："老了老了，还不会喝水了？"他眼圈红了："儿子经常这样赶瞌睡，我就想知道娃儿有多苦……"

　　皇天总是不会辜负苦心人的。一次，美国大使馆专家来到清华大学讲解托福和留美问题，张立勇也去会场了，他想提问又害怕，当主持人表示只剩最后一个问题时，他鼓起勇气用英文问道："您好，我想去美国学酒店管理，不知美国有没有这种专门的学校？"

　　大使馆专家有点蒙了：怎么清华大学学生想去美国学酒店管理？于是便问他是哪个系、学什么专业的。张立勇怕丢丑，顾左右而言他，可美国人很执着，于是张立勇豁出去了，用流利的英语回答："I'm a cook（我是一个厨师）。"没想到，接下来的不是嘘声，而是现场千余名清华学子以及大使馆专家、校方领导潮水般的掌声。食堂经理知道这件事以后，给了他很多照顾，给他安排时间去各个教室听大师们讲课，这使得张立勇进步飞速。他先后通过了英语四级、六级考试。2001 年，在令无数学子折腰的托福考试中，他考出了 630 的高分，高出标准线 130 分之多，他也因此被清华学子爱称为"馒头神"。

此后，他接连拿到北京大学本科文凭和南昌大学研究生文凭。2008 年北京奥运会期间，张立勇被北京市政府借调到奥组委，成了接待外国元首的贴身翻译。2009 年，张立勇出任中国青少年责任与成长大讲堂组委会主席，他带着一帮志同道合的精英青年，将事业干得风生水起，并获得了"中国十大杰出学习青年"等多项国家级荣誉。

如今，每每有人问起张立勇的父亲"你儿子是干吗的"？他都会这样反问人家："知道清华大学那个自学成才的'馒头神'吗？"大多人会说："知道啊，是个名人啊。"老人家总是一仰脖："我是他爸！"

人生就是这样的：它有时风雨有时晴，有时平川坦途，有时也会撞上没有桥的河岸。苦难与烦恼，亦如三伏天的雷雨，往往不期而至，你无处可躲。就这样，我们被淋湿在没有桥的岸边，被淋湿在挫折的岸边、苦难的岸边，四周是无尽的黑暗，没有灯火、没有明月，甚至你都感受不到生物的气息。于是，我们之中很多人陷入了深深的恐惧，以为自己进入了人间炼狱，唯唯诺诺不敢动弹。这样的人，或许一辈子都要留在没有桥的岸边，或者是退回到起步的原点，也许他们自己都觉得自己很没有出息。然而，人活着，总不能流血就喊痛，怕黑就不走路，疲惫就放空，被孤立就讨好，脆弱就屈服，总要有点血性，奋力抗争一下，因

为最漆黑的那段路终归要自己走完。

如果说现实已然无法改变，那我们就改变自己。平安是福，但谁也不可能平安一生，与其给自己拧上一个心结，莫不如好好享受这个过程——不是在眼泪中沉沦，而是在磨难中奋起。当然，我们未必一定能够得到想要的结果，但只要你用心努力过，这就够了，有时经验也是一种收获。倘若我们将追求成功看作是开花结果，那毫无疑问，成功就是果实，追求就是从种子到花开、到结果的美丽过程。但事实上，并不是每一朵花开后都有果实，人生只要绽放过美丽，我们就足以在生命的最后一刹那满面笑容。

这个世界，有一万个理由让你不要轻贱自己

如果你想要很认真地活着，但别人不看重你，这个时候你一定要看重你自己；如果你希望得到更多的关注，但别人不在乎你，这个时候你一定要在乎你自己。自己看重自己，自己在乎自己，最后，别人才会看重和在乎你。

你最不能犯的错误，就是看低自己。每一个独立存在的个体，都有着别人无可替代的特点与能力。当别人的评价让你感到无可适从时，没关系，只要你知道曾经有一个独特的、与你气质

相近的人成功了，那么就不必再为俗人的眼光而感到苦恼。对于别人的击打，你可以做出两种反应：要么被击垮，躲在角落里哭泣，任人生沉沦下去；要么选择无视，坚持做最真实、最好的自己，坚持到底。前者会泯然众人，而后者往往会惊天动地。

他是贫苦家庭的孩子，住在城市郊区的一个垃圾场附近。上小学时，他在路边捡到一只易拉罐，恰好有一个收破烂的路过，他做了有生以来的第一笔生意，这笔交易的纯利润是一角钱。

这次经验告诉他，那些被人弃置的东西都是金钱。从小学到高三，他卖了近万斤废纸，几千个易拉罐、酒瓶、塑料包装袋。无论同学如何嘲讽和挖苦，他都认为真正傻的不是自己，而是那些见到易拉罐不捡的人。整个学习期间，他没向家里要过一分钱，没有因捡破烂使学业受到丝毫的影响。相反，他因为增加了阅历而使自己的成绩总是名列前茅。后来，他顺利地考入上海一所经贸大学。

大学里他重操旧业，不过这一次他只做了三个星期，因为在捡一只易拉罐的时候，他被站在别墅阳台上的一位外商发现，外商请求他把门前草坪上的一只易拉罐捡走。他走近别墅，外商用赞许的语言鼓励他，他礼貌地表示了感谢。这时，外商惊奇地发现，这个捡垃圾的小伙子竟能听懂英语。外商非常兴奋，因为他的夫人正需要一位懂英语的草坪保洁员。

第二天，他就走进了这位外商的家庭，帮忙修剪草坪、喷洒药剂，他的周薪是 50 美元。后来经外商介绍，他又成了另外三个外国家庭的草坪保洁员。

大学四年，他利用休息日挣了 4 万美元。临毕业时，他申请成立了广州第一家草坪保养公司。现在他的业务已从外商家庭延伸到各住宅小区，经营范围也从单一的草坪护理发展到兼营肥料、除草剂和除草机。

如今，那位曾经捡易拉罐的小男孩早已是广州的一位百万富翁。据说，现在他的办公桌上放着一只用纯金做成的易拉罐，它的寓意绝不仅仅是为了显示主人的财富。

并不是每一个显耀的人，都有一个显耀的家世。父母只负责赐予你生命，他们让你的生命在人类历史上已经有了记载，但接下来能不能把这段历史书写得绚丽，甚至成为传奇，那就全在你自己。你要活着，就应该把自己的思想与生存的时代融合在一起，让自己的身影构成世界上一道独特的风景，让自己的声音伴随着自然的风风雨雨留下了不可磨灭的痕迹。无论什么时候，你都不能看低你自己。看低自己，是对父母的侮辱，是对生命的亵渎，是你自找的羞辱。

其实只要你愿意，太阳就会注视着你，月亮就会呵护着你。你完全可以"自恋"一些，就当那和煦的春风是为你而来，就当那五彩缤纷的鲜花是为你而开，就当那青青河边草是在为你的诗增添意境，就当那高山流水是在见证你生活的足迹，就当那自在漂流的白云是你忠实的幸福信使。这个世界，有一千个、一万个理由让你不要轻贱自己。

就算你现在的生活有点卑微，但那也只是就一时的境遇而言，绝不会是人格上的卑微，除非你甘愿自暴自弃。人生，有无数种开始的可能，同样也有无数种可能的结果，今天的强者，曾几何时未必不是个弱者，由弱到强的转变，靠的就是心中始终憋着的那口真气——那口不愿低人一等、不愿随波逐流的人生志气。而积聚起这口真气的关键就在于，他们自始至终没有低看过自己。

不是在眼泪中沉沦，就是在磨难中雄起

你可能觉得自己目前的状况很糟糕，但其实最糟糕的往往不是贫困，不是厄运，而是精神和心境处于一种毫无激情的疲惫状态：那些曾经感动过你的一切，已经无法再令你心动；那些曾经吸引过你的一切，同样美丽不再；甚至那些曾经让你愤怒的、仇恨的、发狠要改变的，都已无法在你心中掀起波澜。这时，你需要为自己寻找另一片风景。

要想改变我们的人生，首先就要改变我们的心态。只要心态是正确的，我们的世界就会是光明的。事实上，我们与那些成功者之间本身并无太大差别，真正的区别就在于心态：前者的心中一直想着驾驭生命，而我们则一直在被生命所驾驭。心态的好坏决定了谁是坐骑，谁是骑师。

曾看到过一位法国男人的故事，相信会对我们的心灵有所

敲击：

已经到了不惑之年，那个法国男人依然毫无建树，他觉得自己一无是处——做生意失败，找工作又无人接收，甚至连妻子也因无法忍受贫穷而离自己远去！他认为世界抛弃了自己，他变了，变得自卑至极，变得易怒又脆弱。

某天，他在酒吧门前遇到一位算命先生，于是便将手伸了过去："喂，老头，我一直很倒霉，你帮我看看是怎么回事。"

算命先生接过他的手掌端详片刻，眼中突然放出异样的光芒："先生，能为您算命真是我的荣幸！"

"此话怎讲？"男人被弄糊涂了。

"因为您具有皇族血统，您是一位伟人的子孙！"算命先生语气坚定地说，"可以把您的生日告诉我吗？"

男人将信将疑，报出了自己的"生辰八字"。

"没错！您就是拿破仑失落的后代！"算命先生一脸的兴奋。

"我是拿破仑的子孙？！"男人的心跳到了嗓子眼。

"是的，您体内流淌着皇族的血液，您继承着拿破仑的勇气和智慧，而且您不觉得，您与拿破仑有几分相像吗？"

男人仔细一想，感觉自己与拿破仑是有几分相像，"可是，为什么我的命运如此不济？我做生意破产了，找不到足以糊口的工作，甚至连妻子都离我而去了。"

"这是上帝的考验！他要您经历这些挫折与痛苦，否则您就不能成功。不过，考验已经结束，好运即将到来，数年以后，您将成为全法国最成功的人，因为您具有皇族的血统！"

回家路上，一种曼妙的感觉在男人心中涌动："我不能给波拿巴家族丢脸，我要像祖辈一样出色！"

数年以后，年近50岁的"拿破仑子孙"赚得亿万身价，成为法国家喻户晓的人物。

这位法国人究竟是不是拿破仑的子孙呢？这根本无从考证，而且显然已不重要。重要的是，他赶走了心中的消极情绪，不再颓废，所以他成功了。

一个人，如果一直无法走出心中的阴霾，那么他的世界必然一片漆黑；假如他能够改变心态，那么他的世界也会随之改变。只是我们在遭遇人生低谷之时，总是习惯性地向现实妥协，嘴里碎碎叨叨地埋怨着命运，微博上的更新不外乎"命运是多么残酷""人情是何等淡薄""穷途末路却无人扶助"等等，欲博同情却只能换来鄙夷的痛苦呻吟。而我们却一直没有意识到，并不是这个世界放弃了谁，事实上只有我们自己才有放弃自己的权利。你的心态萎了，你的人生也就萎了。

我们再来看一个发生在英国的真实故事：

英国某报纸刊登了一张查尔斯王子与一位流浪汉的合影。这个面容憔悴、神志萎靡的流浪汉不是别人，他是查尔斯王子曾经的校友克鲁伯·哈鲁多。在一个寒冷的冬天，查尔斯王子拜访伦敦的穷人时，这个流浪汉突然说道："王子，我们曾经在同一所学校读书。""那是什么时候？"查尔斯王子反问道。流浪汉回答："在山丘小屋的高等小学，我们还曾经互相取笑彼此的大耳朵呢！"

原来，这个名叫克鲁伯·哈鲁多的流浪汉曾经有个显赫的家

世，他的祖辈、父辈都是英国知名的金融家，他年幼时的确与查尔斯王子就读于同一所贵族学校。后来，他成了一个声誉不错的作家，并加入了英国成功者俱乐部。直到这个时候，应该说克鲁伯·哈鲁多都是让很多人羡慕嫉妒恨的。那么，他为何会落魄到今天这个境地？原来，在遭遇两度婚姻失败后，克鲁伯开始酗酒，最后由一名作家变成了流浪汉。但是，克鲁伯是被失败的婚姻打败的吗？显然不是，打败他的俨然就是他的心态，从他放弃积极正面心态的那一刻起，他就已经输掉了自己的一生。

类似的情况在很多人的身上都发生过，而且绝对有很多人就像这个流浪汉一样，不是被挫折打败，而是让自己毁于心态。由此可见，从根本上决定我们生命质量的并不是金钱，不是权力，不是家世，甚至不是知识，不是学历，也不是能力，而就是你自己的心态！一个健全的心态比一百种智慧更有力量。一个且歌且行，朝着自己目标永远前进的人，整个世界都会给他让路。

如果你不逼逼自己，
根本不知道自己有多么强大

不知道从什么时候开始，我们开始担忧起来：我能顺利毕业吗？我能找到好工作吗？我能找到好的归宿吗？我能幸福吗？这些问题，任何人都不能给你解答，答案都在我们自己身上。好学习，好工作，好归宿，都需要我们自己去把握。去做，才有可能会实现，而不是守株待兔，坐等收获。

有时候真的是越长大，害怕的东西越多。譬如因为怕拒绝，所以不敢去表白；又如因为怕失恋，所以不敢去热恋；再如因为怕失败，因而不敢去尝试；有时明明想要去超越，却又向风险做了妥协，于是就这样犹犹豫豫、辗转反侧、思东想西、不死不活地混着日子，人世间最愚蠢的事莫过于此——胸有大志，却又虚掷时光。

然而，一生不长，有时还没等你活得透彻，青春已逝，沧桑已至，徒留一声嗟叹。岁月难饶，光阴不逮，现在的每一天，都是我们余生中最年轻的一天，把握不好当下，未来必然是一片虚无。我们需要梦想，但要迈开脚步，历经跋涉方能抵达。

有一个樵夫，上山砍柴不慎跌落，危难之际，他顺手拉住了半山腰处一根横出的树干，人就那样吊在半空中。他抬头看看，山崖石壁光秃且高，爬是爬不回去了，而下面又是深谷。樵夫进退两难正不知如何是好，恰巧这时一老僧经过，给了他一个指点，他说："放！"

教人放手跳下悬崖找活路，这个老僧难道是个疯僧？

其实故事的精华就在于这个"放"字：既然上不去，那么唯一可能完好生还的途径已经被证实不能够了；而就那么吊在半空中，不上不下，显然也是死路一条，甚至有无数种更加悲惨的死法，那么最好的选择就是"放手"，跳下去——未必就会活，但

也未必就会死！

或许可以就着山势而下，下滚的重力受到缓冲；或许下滚的过程中能够抓住一些草、树木，那么冲力还可以被减掉一点点；又或许山崖底下也有一个深潭……总之，至少还有很多种生还的可能。

这个"放"字可以说就是我们对于未知事物的一种积极态度。当我们面对进退两难的境地时，与其耗在那里等死，还不如别浪费干耗的精力，将全部的意志和精力凝聚在一个点上，放手一搏，说不定就会置之死地而后生。就算这个决定只有万分之一的希望，但毕竟还有一线生机，总好过那毫无希望的漫长虚耗。假如说，每一次决定行动时，你都能够当作是放手一搏的最后一线生机，那么你就可以做到很多人无法做到甚至不敢想象的事情。

想做一件事，就去做，没有废话，你会发现你比那些谈论梦想的人更加伟大。

很多时候，如果你不逼逼自己，就根本不知道自己有多强大。

在生命的过程中，每个人都会经历一段段无助，一次次挣扎，这个时候，必须自己爬起来，向前走。因为只有真的去经历了，你才知道，什么是自己想要的，什么是你努力可以得到的。

2

依附在别人的剧本里，
永远也找不到做主角的自己

　　人这一辈子，做不了自己的主角，就会成
为别人的配角。走不出自己的生活轨迹，就是
对生命之义的放弃。别人的成功永远只属于别
人，别人的帮扶支撑不起你的头颅，所以，去
走自己的路，去感受、体验属于自己的人生，
收获属于自己的掌声与喝彩。做自己人生的主
角，让别人为你鼓掌。

把命运紧紧抓在自己手中才是最可靠的

　　人是社会的，更是自己的。人生中那些风风雨雨的确时常令我们感到无助，我们想要寻求一些帮助，却觉得并没有人愿意真心以对，于是我们又开始痛苦、压抑。其实，大可不必，想开就好。我们并没有与谁签订"互助协议"，我们本就没资格要求谁为自己做什么，奉献什么。实际上求人不如求己，父母兄弟也好，亲戚朋友也罢，虽说是我们生活中最亲近的人，但并不是我们生活的完全寄托者，脚下的路还得自己走，再多的苦也应该自己扛，谁也替代不了，谁也无法替代你去感受。

　　现实就是这样残酷，这个世界上没有谁是你真正的靠山，你正真可以依靠的只能是你自己，所以当人生遭逢苦难之时，不要一心只想着去找"救命稻草"，你应该静下心来问问自己："我能做什么，我会因此而得到什么？"你的未来，还需要你自己去努力。

　　有个中国大学生，以非常优秀的成绩考入加拿大一所著名学府。初来乍到的他因为人地两疏，再加上沟通存在一定障碍，饮食又不习惯等原因，思乡之情越发浓重，没过多久就病倒了。

为了治病，他几乎花光了父母给自己寄来的钱，生活渐渐陷入困境。

病好以后，留学生来到当地一家中国餐馆打工，老板答应给他每小时 10 加元的报酬。但是，还没干到一个星期他就受不了了，在国内，他可从来没做过这么"辛苦"的工作，他扛不住了，于是辞了工作。就这样，他不时依靠父母的帮助，勉勉强强坚持了一个星期，此时他身上的钱已经所剩无几。所以在放假那会儿，他便向校方申请退学，急忙赶回了家乡。

当他走出机场以后，便远远看到前来接机的父亲。一时间，他的心中满是浓浓的亲情，或许还有些委屈、抱怨——他可从来没吃过这么多的苦。父亲看到他也很高兴，张开双臂准备拥抱良久不见的儿子。可是，就在父子即将拥在一起的刹那，父亲突然一个后撤步，儿子顿时扑了个空，重重地摔倒在地。他坐在地上抬头望着父亲，心中充满了迷惑——难道父亲因为自己退学的事动了真怒？他伸出手，想让父亲将自己拉起，而父亲却无动于衷，只是语重心长地说道："孩子你要记住，跌倒了就要自己爬起来，这个世界上没有任何一个人会是你永远的依靠。你如果想要生存，想要比别人活得更好，只能靠自己站起来！"

听完父亲的话，他心中充满惭愧，他站起来，抖了抖身上的灰尘，接过父亲递给自己的那张返程机票。

他不远万里匆匆赶回家乡，想重温一下久违的亲情，却连家门都没有踏入便返回了学校。从这以后，他发愤努力，无论遇到多少困难，无论跌倒多少次，都咬着牙挺了过来。他一直记着父

亲的那句话——"没有任何一个人是你永远的依靠，跌倒了就要自己爬起来！"

一年以后，他拿到了学校的最高奖学金，而且还在一家具有国际影响力的刊物上发表了数篇论文。

别以为靠自己的力量不能将生命张扬，人生路上没有什么不可阻挡。别把太多的希望寄托在别人身上，没有人会永远保护你，父母终究会老去，朋友都会有自己的生活，所有外来的赐予必然日渐远离，所以我们要学着给自己温暖和力量，遇到困难不要灰心，不要抑郁，越是孤单越要坚强，生命的负重还要你来托起。

他是国外一位很有灵气的作家，看上去一副风流倜傥的样子，很惹周围女人们的喜爱。婚后15年，他终于因爱上一个比自己小许多的姑娘而同妻子离婚，落得个一无所有。他并不在意。他天生是个情种，只在乎爱情，其他一切均不放在心上。他携这位姑娘出外闯荡，在孟买开设了一家小的图书公司。虽然他懂这方面的业务，但他讨厌经营。于是，他把公司里的一切交给了女友，自己在家写书。几年后，公司有了些发展，女友赚了些钱，而他的作品却没人认可。这时，女友认为他无能，提出分手。他带着绝望的心情离开了那位女友，甚至连死的心都有了。经过一番垂死挣扎，他的一位旧友要他去公司帮忙，工资不菲，与此同时，他又有了新的所爱，一位心地善良的公务员。这就像他生命里的一点微光，拯救了他。几番磨难之后，他觉得无论如何也不能失去这一副"拐杖"了，不然的话，他简直没有办法再活下去。

但是，让他没想到的是，他几乎是在同时丢失了工作和新女友。

他真的想一死了之。他不止一次对自己说："你无法再活下去了，死吧，去死吧！"

毕竟，死也不是件容易的事。他靠朋友的接济，四处找工作，几乎跑遍了整个孟买，也没找到一份适合自己的工作。这时，他真正意识到自己老了，他再也不是那个风流倜傥的知名作家了。他开始重新审视自己的生活，第一次意识到自己应该像个真正的男人那样立志发愤。于是，他开始了刻苦努力的创作，他的努力终于得到了回报，一下子签订了几本书的写作合同。

从此，他再也不相信什么"拐杖"了，他只信奉：把命运紧紧抓在自己手中才是最可靠的！没有什么"拐杖"是你能够永久依赖的，命运要靠自己把握。倒下去必须重新爬起来才能够寻求自立，大步向前。只把命运紧紧抓在自己手中才是最可靠的，无论对待爱情还是事业。

你要懂得，没有人替你勇敢，没有人可以一辈子为你而活，所以要自己学会坚强。

人若一直依赖"拐杖"走路，就会忘记双腿应有的功能，离开拐杖，便不会行走了。须知，曾经的失败并不意味着永远的失败，曾经达不到的目标并不意味着永远达不到，你只有放弃手中的"拐杖"，才能大步迈向人生的目标。

即使是你的影子，也会在黑暗里离开你

依附是将自我彻底埋没，在经营人生的过程中，它是一场削价行为。生命之本在于自立自强，人格独立方能使生命之树常青。依附他人而活，就算一时能博得个锦衣玉食，也不会安枕无忧，一旦这个宿主倒下，你的人生就会随之轰然倒塌。

依附对于某些人来说是一种生活的无奈，对于某些人来说是一种"好风凭借力，送我上青云"的所谓捷径，但无论如何，你要有自己站着的能力，否则就算有人真的愿意将你推向高峰，你也不可能在那儿挺立下去。在这个充满竞争的时代中，我们应该更多地丰盈自己的"武器库"，装满生存技能，才不至于一败涂地。所以，不要一直幻想着天降贵人，自己才是一切问题的关键，在时间无情的流逝里，我们所能信赖的莫过于自己。

一只住在山上的鸟与住在山下的鸟在山脚下相遇。山上的鸟说："我的窝刚搭好，参观参观吧。"山下的鸟便跟着去了，到那儿一看——什么鸟窝？不就是光秃秃的石缝里放着几根干草吗？

"看我的去。"山下的鸟带着山上的鸟来到一家富人的花园。

"看，那就是我的窝。"山上的鸟仰头望去，果然看到一只精致的木制鸟窝悬挂在紫荆树梢，那窝左右有窗，门向南而开，里面铺着厚厚的棉絮。

山下的鸟自豪地说："像我们这种鸟，有漂亮的羽毛，叫声又不赖，找个靠山是非常容易的。假如你愿意，以后我给你说说，搬这儿来住。"

山上的鸟没有回答，展翅飞走了，再没有回来。

不久后的一天，山上的鸟正在石缝窝里睡觉，听到门口有叫声，伸头一看，山下的鸟正狼狈地站在那儿。它身上的羽毛已不平正，哭丧着脸对山上的鸟说："富翁死了。他的儿子重建花园，把我的窝给拆了。"

人活着，还有什么比依附于人更低气？又有什么比依靠自己更长久？山下那只鸟依附在富翁家中，虽有一时的光鲜，却终落得无家可归。所以说，与其依附他人，不如好好利用自身资源，求人往往需要付出很大代价，比起向内求己，相信你知道哪个成本会更高。

所以，别时时想着依附别人，要知道，即使是你的影子，也会在黑暗里离开你。

若你不肯付出努力，谁又能救得了你

依赖是对生命力的一种束缚，如果处处借助他人的力量帮助自己达成目的，那就好比建在沙滩上的大厦，没有坚实的基础，一阵海浪过来，就会毁于一旦。

人生道路需要我们自己用脚去行走，没有谁会一直甘心做你的支撑。无论是工作还是生活，谁会跟随你一生？谁会跟你形影与共？只有你自己。其实，每个人都可以成为自己的上帝，每个人也都应该成为自己的上帝，当人生迷失方向之时多问问自己："我该怎么办？我能怎么办？我会怎么办？"在你能对这些问题作出精确判断并着手进行解决时，你就是自己的上帝了。

有一个年轻的农村小伙子，他很厌恶那种面朝黄土背朝天的生活。于是，他丢弃了原先的田地，独自来到城中闯荡。然而，他既没有学问，也没有技术，又好高骛远，所以几个月过去了，他始终没有找到一份合适的工作，而身上带的钱又花光了，最后不得不沦为了乞丐。

一天，已沦为乞丐的他听人说，城里住着一位大师，只要诚心去拜访他，他就能给你一个改变命运的秘诀。

于是，小伙子四处打听，终于找到了那位大师。小伙子来到大师家里，大师并没有因为他是乞丐而轻待他。相反，还礼貌地请他入座，并亲手给他倒上了一杯茶。然后，大师才微笑着问："我有什么能够帮助你的吗？"

小伙子十分感激大师的尊重，连忙说："您能告诉我一个改变命运的秘诀吗？我想变得富有起来。"

听完，大师略带疑惑地问："那你能告诉我，你为什么会沦为乞丐吗？"

这个小伙子顿感无比羞愧，他低下头喃喃说道："因为我厌倦了耕种，希望在城里找到一条发财的路子，然而一切并非像我想象的那样简单。"

大师不解地问："那你现在为什么不回到家里，重新开始呢？"

小伙子嗫嚅道："现在我都沦为乞丐了，还有什么面目回去呢？多丢人啊！"

大师又问："那你现在家里还有什么呢？"

小伙子回答说："除了我这个人！就是几亩早已荒芜的土地了。"

此时，大师点了点头，说道："这两个条件足以使你改变命运了。你回家去吧。"

然后，大师递给小伙子一包花籽，解释道："等你拉一马车花瓣来，我可以告诉你一个炼金的秘诀，而花瓣就是炼金所必需

的引子。"

小伙子千恩万谢地离开了大师的居所，毫不犹豫地回到了乡下。他不知疲劳地劳作，那些荒芜的土地重新被开垦起来。然后，他把大师交给他的那些花籽播种在里面。

第一年，他只采得了一竹篓花瓣，因为他留下了大半花朵任其成熟结籽。然后，继续扩大栽种。

第二年，他采集了满满一大马车晒制好的花瓣，来到城里。他再一次找到了大师，恳求说："炼金的引子，我已经弄来了，您可以告诉我秘诀了吗？"

大师看着那一马车晒制好的花瓣，颇为惊讶地说："这就是你炼出的金子呀！"

原来，这些花瓣是一种名贵的中药材。大师让他卖给城里的一些药铺。那些药铺见农夫栽种的药材成色好，而且价格还便宜，纷纷与他签订供货合同。

临走时，小伙子拿出很多钱来欲送给大师，却被大师谢绝了。

小伙子异常感激地说："谢谢您，是您改变了我的命运，您是我的大恩人啊！"

大师却微笑着摇了摇头说："不要谢我，感谢你自己吧！如果你不肯付出努力，谁又能救得了你呢？"

这个世界上，很多人就像那个小伙子一样，一心等待别人的帮助，以为只有借助外力，才能够改变自己"悲惨"的命运。

同样，你才是自己的救世主，如果你不肯付出努力，谁又救得了你？所以，当你自以为困难重重的时候，不要一直啜泣等待救世主的出现，因为你完全有能力改写自己的命运，你可以顽强地活下去，而且会活得更好。事实上，这个世界根本没有什么救世主，除了我们自己。

女人千万别完全依赖男人

我们不妨睁眼看看，这个世界上有多少女人为了家庭放弃了自己的事业，最终又被家庭所遗弃呢？她们牺牲事业，为了丈夫、为了孩子不断地付出，当她们想重拾自己的事业时，却发现自己已经跟不上时代的脚步，完全与社会脱轨了，这难道不是一种悲哀？

所以说，女人一定要"进得厨房，出得厅堂"，不但要照顾好家庭，更要照顾好自己的事业。即便你的丈夫能够为你提供优渥的生活条件，但你同样要学会独立。因为，独立才能让你找到自我，独立才能让你实现自己的价值，而不是作为男人的附属品，仰人鼻息。因为，独立的女人才能找到自信，才能让你在爱情事业的两端收放自如。

如果你做不到这一点，那么你就会像下面这位姐妹一样陷入

彷徨：

蓉蓉未嫁人前是个小白领，日子过得逍遥自在、无拘无束，闲暇时与朋友泡泡吧、逛逛街，活得非常滋润。

结婚以后，蓉蓉遵照老公的吩咐，辞去工作，当起了全职太太。渐渐地，朋友疏远了，交际变少了，有时做完家务，蓉蓉一个人站在阳台上，望着不远处繁华的街道，心中竟会撩起一阵阵莫名的空虚。

后来，老公以"资金周转不灵"为由，削减了蓉蓉的生活费用，每个月只给她4000元的家用，当然，这其中还包括物业费、水电费、煤气费等一切家庭支出。有时，甚至与老公一同外出就餐，都要她掏腰包埋单。

我们可以想象一下，区区4000块，还要打理家中的一切。蓉蓉自己还能剩下什么？有时，她甚至因为钱不够用，弄得自己紧衣缩食，连以前常常光顾的"必胜客"都不敢再去。但是，纵然如此，她也不曾向老公张口。在她看来，自己没有能力养这个家，需要依附老公的"关爱"过日子，所以不能再给老公添麻烦，她甚至觉得再伸手向老公要钱，是一件非常丢脸的事情。

再后来，老公在外面有了别的女人。她不敢与老公争执，她怕失去这份赖以生存的"关爱"，于是她跑去找那个女人，央求她放过自己的老公，女人良心发现，应允了。可是没过多久，老公又摘到了新的"野花"。对此，她伤心透顶，但又无可奈何："如果他不要我，我该怎么活呢？"于是她选择了忍气吞声，但这样的日子要到何年何月才到头呢？

　　女人，若是彻底放下事业，专心为男人做保姆、生儿育女、打理家务，就会逐渐使自己的思维变得狭窄，继而完全丧失自我。更可气的是，对于我们这样的付出，很多时候男人并不领情。他们总是在用极端挑剔的目光审视着自己的老婆，他们简直希望自己的女人是完美的化身：貌若西子，贤如孟光，才比易安。倘若有一点不及他意，他便会思绪翻飞——瞧，那个女人多好。

　　所以说，倘若哪个女人只想着依附男人生活，那么她势必会输得很惨，活得毫无尊严，又遑论幸福美满？

　　女人，需要有自己的事业，有自己的朋友、自己的交际圈，这样才能与社会紧紧挂钩，才不会在惨遭遗弃之时茫然不知所措，才有资本与男人"叫板"，才能使自己变得更加幸福。

　　每个女人都有必要清楚一点——维持婚姻的平衡，其首要条件就是夫妻双方人格上的平等。这种平等取决于什么？取决于我们的自强、自立。女人不是弱者，女人应该让男人知道：离开他们，我们一样可以活得很好！女人，要为自己而活，绝不要做一个完全依附男人的寄生虫。

你不能不顾父母的衰老做"啃老族"

再羸弱的狮子，也能学会自己长大，除非它只想做一只病猫。我们的未来还是要靠自己创造，你不能不顾父母的衰老，啃得他们只剩下皮毛。

"啃老族"，这是一个近年时常被提起的群体，这类人在经济及生活上不能独立，他们主要靠父母的接济，面临着"长大不成人"的尴尬。这些"褓褓青年"不能断奶的背后，其实就是人生观和价值观的扭曲。

某婚宴中，酒过三巡后，亲友团中一位看上去30岁出头的男子当场耍起了酒疯，在新郎过来敬酒时，该男子搂着新郎大赞其丈母娘"大方"，说完话锋一转，开始说自己父母"穷"，称自己从上学就没有零花钱，同学喝饮料他只能喝自来水，压岁钱也被父母拿走用来还人情，找工作父母帮不上忙，如今相亲不知道多少次都失败了，就因为没独立婚房，工资又不高，连拼丈母娘的机会都没有。

说到兴起时，该男子站起来直指父母怒吼："没有一百万！你们生我出来干吗！不是害我吗！"男子的父亲一声不吭坐在座位上，母亲则一直默默流泪。亲友们见势不妙，赶紧将该男子带去婚宴厅外醒酒。

生你出来，反倒是害了你，天下哪有这样的道理？有道是"自家功名自家挣"，自己不努力反而将生存的压力宣泄给父母，令生之养之的至亲之人当众受辱、饱尝伤害，这样的人又有谁会看得起？

请放我们的父母一马吧！他们也有自己的人生和追求，还日渐衰老的他们一片宁静的港湾吧！他们真的应该好好歇歇，去享受晚年应得的快乐与自由了。

遗憾的是，貌似在各种原因的作用下，啃老族的队伍依然在不断增加，一些断不了奶的人就那样心安理得地躺在父母的怀里啃老，再啃老。

所以，好多父母活得好累，含辛茹苦将孩子拉扯大，总盼着养儿能防老，谁知老了还要继续养，啃老族将父母的期望化成了泡影，到底是谁的悲哀？

梦想也许今天无法实现，明天或许也不能，但是还有后天、大后天……重要的是，它在你心里，更重要的是，你一直在努力。可凭什么你不努力，却要把痛苦与压力过渡给父母？作为儿女，最起码而立之年也应该自食其力了，难不成还要父母做一辈子的免费保姆？要让他们的生命充满劳累和遗憾？

想一想吧，你到底应该怎么办！

不要急着反驳，没有人说啃老就有罪，如果你的父母真的家财万贯，那么啃去吧，无所谓，他们不给你还能给谁？可是，假

如你的父母只是一介贫民，根本没有那个能力让你啃，你还那样心安理得地喝着他们的血、噬着他们的肉，并且伤着他们的心，二十年以后，当你回顾往事，你会看得起这样的自己吗？几十年以后，当我们的父母离去，你还拿什么去补救？

有了自己的天空，才能飞得更自由

如果可以的话，许多人都会为自己寻找一个庇护所，在那里过养尊处优的生活。这样的生活看似安逸，然而庇护一旦失去，他们会像被圈养的鸟儿一样，连独自存活的能力都没有。

人有别于宠物，不可能一辈子活在别人的庇护下，又或者说，大多数人不可能一辈子都有一个牢靠的避风港。所以，你必须飞出去，振翅高飞，寻觅食物，靠自己的力量去生活，并且要活得很好，那才是我们所追求的！

在现实生活中，要想在别人的荫蔽下保持一种完全的独立是很困难的，必须要有一片属于自己的天地，有了自己的天空，才能飞得更自由，飞得更自在。

3

你生命的精彩，不能因为别人而暗淡

你生命的精彩，不能因为别人而暗淡。别把别人的评价看得太重，只要问心无愧，就不必考虑太多。那些肤浅的赞美，是阳光中的尘埃，迷惑你的视界；那些非议与诅咒，亦是麻醉你的毒药，终会让你乱了心智。无论路途多险，步履维艰，切勿被动地改变自己，唯有如此，你才可能会与众不同。

一味地迎合别人，是抹杀了自己

如果可以，谁都希望给所遇到的每一个人都留下良好印象，但是，没有必要为了迎合别人的口味，而放弃自己的理想、原则、追求和个性。否则，将是人生中最大的悲哀。

张谦一心一意想升官发财，可是从青春年少熬到斑斑白发，却还只是个小公务员。他为此极不快乐，每次想起来就掉泪。有一天下班了，他心情不好没有着急回家，想想自己毫无成就的一生，越发伤心，竟然在办公室里号啕大哭起来。

这让同样没有下班回家的一位同事小李慌了手脚，小李大学毕业，刚刚调到这里工作，人很热心。他见张谦伤心的样子，觉得很奇怪，便问他到底为什么难过。

张谦说："我怎么不难过？年轻的时候，我的上司爱好文学，我便学着做诗、写文章，想不到刚觉得有点小成绩了，却又换了一位爱好科学的上司。我赶紧又改学数学，研究物理，不料上司嫌我学历太浅，不够老成，还是不重用我。后来换了现在这位上司，我自认文武兼备，人也老成了，谁知上司又喜欢青年才俊，我……我眼看年龄渐高，就要退休了，一事无成，怎么不难过？"

可见，没有自我的生活是苦不堪言的，没有自我的人生是索然无味的，丧失自我是悲哀的。要想拥有美好的生活，自己必须自强自立，拥有良好的生存能力。没有生存能力又缺乏自信的人，肯定没有自我。一个人若失去自我，就没有做人的尊严，就不能获得别人的尊重。

张谦的做法不禁让人想起了一个笑话：一个小贩弄了一大筐新鲜的葡萄在路边叫卖。他喊道："甜葡萄，葡萄不甜不要钱！"可是有一个孕妇刚好要买酸葡萄，结果这个买主就走掉了。小贩一想，忙改口喊道："卖酸葡萄，葡萄不酸不要钱！"可是任凭喊破嗓子，从他身边走过的情侣、学生、老人都不买他的葡萄，还说这人是不是有神经病啊，酸葡萄卖给谁吃啊！再后来，卖葡萄的就开始喊了："卖葡萄来，不酸不甜的葡萄！"结果更无人问津了。

可见，活着应该是为了充实自己，而不是为了迎合别人的旨意。没有自我的人，总是考虑别人的看法，这是在为别人而活着，所以活得很累。就像上面故事中的张谦，为了自己能够升官发财，不得不去迎合自己的领导，可是这恰恰使他失去了自己最宝贵的东西——真我本色。而在他不断地根据不同领导的口味调整自己做人与做事的"策略"的时候，时间飞快地流逝，同时他也真正失去了机会，落得一事无成。

一个人的主见往往代表了一个人的个性，一个为了迎合别人而抹杀自己个性的人，就如同一只电灯泡里面的保险丝烧断了一样，再也没有发亮的机会。无论如何，你要保持自己的本色，坚持做你自己。

蜚声世界影坛的意大利著名电影明星索菲亚·罗兰之所以能够成为令世人瞩目的超级影星，和她对自己价值的肯定以及她的自信心是分不开的。

为了生存，以及对电影事业的热爱，16岁的罗兰来到了罗马，想在这里涉足电影界。没想到，第一次试镜就失败了，所有的摄影师都说她够不上美人标准，都抱怨她的鼻子和臀部。没办法，导演卡洛·庞蒂只好把她叫到办公室，建议她把臀部削减一点儿，把鼻子缩短一点儿。一般情况下，许多演员都对导演言听计从。可是，小小年纪的罗兰却非常有勇气和主见，拒绝了对方的要求。她说："我当然懂得因为我的外形跟已经成名的那些女演员颇有不同，她们都相貌出众，五官端正，而我却不是这样。我的脸毛病太多，但这些毛病加在一起反而会更有魅力呢。如果我的鼻子上有一个肿块，我会毫不犹豫把它除掉。但是，说我的鼻子太长，那是无道理的，因为我知道，鼻子是脸的主要部分，它使脸具有特点。我喜欢我的鼻子和脸的本来的样子。说实在的，我的脸确实与众不同，但是我为什么要长得跟别人一样呢？"

"我要保持我的本色，我什么也不愿改变。"

"我愿意保持我的本来面目。"

正是由于罗兰的坚持，使导演卡洛·庞蒂重新审视，并真正认识了索菲亚·罗兰，开始了解她并且欣赏她。

罗兰没有对摄影师们的话言听计从，没有为迎合别人而放弃自己的个性，没有因为别人而丧失信心，所以她才得以在电影中充分展示她与众不同的美。而且，她的独特外貌和热情、开朗、奔放的气质开始得到人们的承认。后来，她主演的《两妇人》获得巨大成功，并因此而荣获奥斯卡最佳女演员金像奖。

虚荣是一种欲望，一旦这种欲望得不到理性的控制，就会泛滥。泛滥的结果就会使人忘记了一个深刻的道理：做人切忌盲从，别人觉得好的，未必就适合你。对于任何一个人来说，无论是在工作中还是在生活中，最重要的不是为了迎合别人而改变自己，而是要保持本色，做最好的自己。

你最可靠的指南针，是接受自己的意见

在网络上看到某人写的一个状态：

高考那年，我考上了北大一个自己不喜欢的专业。读了一个月，了解到没有什么转系的机会之后，我决定退学。退学手续复杂，需要到学校各科室盖章。然后在每一个科室我听到了同样的声音："这里是北大！你傻了吗？"只有最后一个科室的老师对我说："别读了，回去吧。"

第二年，我考上复旦大学，辗转转到自己喜欢的工商管理系。我想，离开北大是我此生最正确的决定。我想说的是：当你作出一个不寻常的决定时，这个世界只会给你各种反对的声音，

你需要做的就是直面自己，无视他们。

是的，你需要做的是你自己，你可以参考别人的意见，但不要把它作为命令。

美国成功学大师马尔登讲过这样一个故事：

在富兰克林·罗斯福当政期间，罗斯福夫人邀请我到华盛顿的白宫去。我在那里过了一夜，据说隔壁就是林肯总统曾经睡过的地方。我感到非常荣幸。岂止荣幸？简直受宠若惊。那天夜里我一直没睡，我用白宫的文具纸张写信给我的母亲、给我的朋友，甚至还给我的一些冤家。

我在心里对自己说："你来到这里了。"

早晨，我下楼用早餐，罗斯福总统夫人是那里的女主人，她是一位可爱的美人，她的眼中流露着特别迷人的神色。我吃着盘中的炒蛋，接着又来了满满一托盘的鲑鱼。我几乎什么都吃，但对鲑鱼一向讨厌。我畏惧地对着那些鲑鱼发呆。

罗斯福夫人向我微微笑了一下。"富兰克林喜欢吃鲑鱼。"她说，指的是总统先生。

我考虑了一下。"我何人耶？"我心里想，"竟敢拒吃鲑鱼？总统既然觉得很好吃，我就不能觉得很好吃吗？"

于是，我切了块鲑鱼，将它们与炒蛋一道吃了下去。结果，那天午后我一直感到不舒服，直到晚上，仍然感到要呕吐。

我说这个故事有什么意义？

很简单。

我没有接受自己的意见。

我并不想吃鲑鱼，也不必去吃。为了表示敬意，我勉强效颦了总统。我背叛了自己，站在了不属于自己的位置上。那是一次小小的背叛，它的恶果很小，没有多久就消失了。

这件事指出走向成功之道最常碰到的陷阱之一。记着这句话：你的最可靠的指南针，是接受你自己的意见。

关于你的未来，只有你自己才知道。既然解释不清，那就不要去解释。没有人在意你的青春，也别让别人左右了你的青春。想要成为一个真正的人，首先必须是个不盲从的人。你心灵的完整性是不容侵犯的，当我们放弃自己的立场，而想用别人的观点去看一件事的时候，错误便造成了！一个人，只要认为自己的立场和观点正确，就要勇于坚持下去，而不必在乎别人如何去评价。

多年前，在日本福冈县立初中的一间教室里，美术老师正在组织一场绘画比赛，同学们都在认真地按照要求画着画，只有一个小家伙缩在教室的最后一排。他实在不喜欢老师定的命题，于是便信手涂鸦起来。

到了上交作品的时间了，老师看着一张张作品，不住地点头，他深为自己的教育成果感到满意，作品里已经有了学生们自己的领悟，可以说，是对日本传统画作的继承和发展。

但唯有一张画让他大跌眼镜，作者是个叫臼井的家伙，老师的目光从画作上移到了最后一排，接着看见这个名不见经传、有些另类却又有些特立独行的家伙在冲着他冷笑。

他大声怒斥起来："臼井，你知道你画的是什么吗？简直是在糟蹋艺术。"

小家伙闻听此言，吓得将脑袋垂了下来，老师接下来让大家轮流传看臼井的作品，他用红笔在作品的后面打了无数个"叉叉"，意思是说这幅作品坏到了极点。

　　他画的是一幅漫画，一个小家伙，正站在地平线上撒尿，如此地不合时宜，如此地不伦不类。

　　这个叫臼井的家伙一夜出了坏名，学生们都知道了关于他的"光荣事迹"。

　　这一度打消了他继续画画的积极性，他天生不喜欢那些中规中矩的传统作品，他喜欢信手拈来、一气呵成，让人看了有些不解，却又无法对他横加指责。

　　在老师的管制下，他开始沿着正统的道路发展，但他在这方面的悟性实在太差了。

　　期末考试时，他美术考了个倒数第一名，老师认为他拖了自己班的后腿，命令他的家长带着他离开学校。

　　他辍了学，连最起码的受教育的权利也被剥夺了，于是，他开始了流浪生涯，不喜欢被束缚的他整日里与苍山为伍，与地平线为伴，这更加剧了他的狂妄不羁。

　　那一年春天，《漫画 ACTION》杂志上发表了《不良百货商场》的漫画作品，里面的小人物不拘一格，让人忍俊不禁，看来爱不释手。作品一上市，居然引起了强烈的反响，受到长久束缚的日本人在生活方式上得到了一次新的启发，他们喜欢这样的作品。

　　又一年，一部叫《蜡笔小新》的漫画风靡开来，漫画中的小新生性顽皮，做了许多孩子愿意却不敢做的事情，典型的无厘头却得到了意想不到的结果，被拍成动画片后，所有人都记住了小新，以至于不得不加拍了连载。

臼井仪人，这个天生邪气逼人的漫画家，注定不会走传统的老路，如果他仍然沿着美术老师为自己铺好的道路发展，恐怕这世上不会有《蜡笔小新》的诞生。

一个人能认清自己的才能，找到自己的方向，已经不容易；更不容易的是，能抗拒潮流的冲击。许多人仅仅为了某件事情时髦或流行，就跟着别人随波逐流而去。他忘了衡量自己的才干与兴趣，因此把原有的才干也付诸东流。所得只是一时的热闹，而失去了真正成功的机会。

如果我们真的成熟了，就不要再怯懦地到避难所里去顺应环境；我们不必藏在人群当中，不敢把自己的独特性表现出来；我们不必盲目顺从他人的思想，而是凡事有自己的观点与主张。坚持一项并不被人支持的原则，或不随便迁就一项普遍为人支持的原则，固然不易，但是只要你做了，就一定会赢得别人的尊重，体现出自己的价值。

记住，务必要守住心门，守住你内心的个性，这才是你创造生活的源泉，是你取之不尽，用之不竭的宝库。

命运在你的手里，而不是在别人的嘴里

你以为以镜照人，就可以得到最真实的影像，殊不知，镜子也不是绝对平整、无尘的，若镜面不平，与照哈哈镜不过是程度上的区别而已，若镜面有尘，其真实的程度也会出现折扣。所以，不要以为镜子中的你就是真实的自己。

镜子不带任何感情色彩，都不能作出真实反映，何况是倾向主观的人？所以，别太在意别人对你的评头论足，因为没有谁会像你一样清楚和在乎自己的梦想，无论别人怎么看你，你绝不能打乱自己的节奏。不要让别人否认的目光扰乱你内心的平静。这世上有两种人：一种人会消耗你的能量和创造力；另一种人会给你能量，支持你的创造，或者只是一个简单的微笑。拒绝第一种人。让自己快乐起来，去做自己想做的人。有人不喜欢，由他去吧。

保罗还在上小学的时候，别人就说他是一个笨孩子，老师也认为他根本不可能学到毕业。无形之中，他自己也接受了这些评价和看法，他因此感到很自卑，真把自己当成了一个笨孩子。辍学以后，他也一直做一些临时小工，因为他认为自己只配做这个。

但是，在他30岁的时候，一件意外的事情使他的生活发生了巨大的改变。他偶然去参加一次智力测试，结果令他非常惊讶——他的智商竟然高达161分值，这可是那些天才才拥有的智商啊！而在此之前，他竟然一直把自己当成智力低下的人，整天去干一些零碎的杂活。从那以后，保罗不再相信别人对他的那些错误性、限制性的评价了，他开始相信自己，开始努力奋斗。后来，他写出了好几本书，取得了几项专利，并且成为了一个很成功的商人，还当选为国际智能组织的主席。

不要因为别人低估你、轻视你，你就随意轻贱自己，不要让别人的错误评价左右你的一生。揭掉别人为你乱贴的标签，找回真实的自己，你的人生一定会很精彩。

其实很多时候我们事业无成，内心焦虑，恰恰就是因为我们习惯于受到他人影响，无论对错，所做一切只是为了让别人满意。结果别人满意了，我们却失意并焦虑了。其实我们做人应该有这样一种魄力——"走自己的路，让别人去说吧！"别让任何人扰乱我们的心，阻挠我们前进的步伐。

我们虽然无法改变别人的看法，但可以做好自己，你生活得好了，别人自然高看你。再者说，每个人都有不同的想法，不可能强求统一，讨好每个人是愚蠢的，也是没有必要的。所以，我们与其把精力花在一味地去献媚别人、无时无刻地去顺从别人上，还不如把主要精力放在踏踏实实做人上，兢兢业业做事上，刻苦认真学习上。对于我们来说，按照自己的意愿去生活比什么

都重要，不要在乎别人的评论，做自己想做的事情，这是作为自我走向成熟的标志。

假如说你只是一只风筝，会身不由己地随风飘曳；假如说你是断梗浮萍，便不得不顺水而动。可是你是人，评价于你，顶多是清风拂耳，应该是风过而不留任何痕迹。

当别人替你作出错误决定时，受害的是你自己

很多人，从小就被父母构建起的"牢笼"给困住了，父母一直是这样告诉我们的：男人要成功，要挣大钱，出人头地、衣锦还乡；女人要找个好归宿，做个好妻子、好妈妈、好儿媳，贤惠端庄、相夫教子。我们已经习惯性地被"父母之命"锁死，从填写高考志愿到找工作、从谈恋爱到结婚，几乎都在看着父母脸色。由此可能带来的后果是：你一直在从事着一项自己并不喜欢的工作，枯燥无味；你嫁或娶了一个自己并不想嫁娶的人，同床异梦。当然，还有更多，你可能习惯了由别人替你做主，无论是你的父母还是爱人、上司、同事、朋友，甚至有可能是你的孩子。可是，人生是你自己的，道路也是你自己的，怎样走应该是你自己的事，如果你把决定权交给了别人，就等于放弃了对人生

的控制，这不但愚蠢，而且还是很危险的事情。

那时，她还是小女孩。有一次母亲带她一起整理鞋柜，鞋柜里脏乱不堪，有的鞋子已经变形或开裂得丑陋不堪，尤其是父亲的那双鞋，还散发着一种难闻的汗臭味，她便建议母亲扔掉那些鞋子。可母亲抚摸一下她的头发，说："傻丫头，这些鞋都是有特殊意义的。"随后，母亲拿起一双浅口红皮鞋，满脸的幸福和温情，回忆起和她父亲的相识：

17岁那年，我遇到你父亲，拿不定主意是否嫁给他，我的母亲说，那就要他给你买双鞋吧，从男人买什么样的鞋就能看出他的为人。我有点不相信，直到他将这双红皮鞋送到我跟前。母亲说，红色代表火热，浅口软皮代表舒适，半高跟代表稳重，昂贵的鳄鱼皮代表他的忠诚，放心吧，这是一个真爱你的男人。

从那以后，她开始珍惜父母送给她的每一双鞋子，当她成为拉普拉塔大学法律系的一名学生时，她已经收藏了好多双不同款式的高跟鞋。而法律系有一个来自南方的青年，英俊潇洒，口才超群，悄然地走入了她这位怀春少女的心田，终于在大三时两人捅破了相隔的那层纸，将同窗关系发展为恋爱关系。她陶醉在甜蜜的爱情之中，被这火热的感情所鼓舞，于是带着如意情郎去见父母。母亲对这个邮政工人的儿子能否给女儿的未来带来幸福表示怀疑，侧在女儿耳边轻轻对女儿说："让他给你买双鞋看看吧！"她觉得是个好主意，就照办了。

然而，傻乎乎的情郎不知是测试，想既然是为恋人买鞋就得尊重她的意见，硬拖着屡次推却的情人一起去。然而买鞋那天，

平时喜欢滔滔宏论的她始终一声不吭，结果两人逛了大半天都毫无所获。最后，他们来到一家欧洲品牌鞋店，有两双白色皮鞋看上去不错，他知道意中人喜欢白色，于是柔声问她："你想要高跟的，还是平跟的？"她心不在焉地随口答道："我拿不定主意，你看哪双好呢？"他略加思索后，说："那就等你想好了再来吧！"于是，他拉着怏怏不乐的她离开了。

几天后，他非常认真地问她："想好买哪双了吗？"她依然是漠不关心地说没有。熬着，熬着，这"木头"情郎终于"开窍"了，说出了她期待已久的话："那就只好让我替你做主了！"她兴奋地等待了3天，终于等到了他的礼物，不过他吩咐她不要当面打开。

晚上，她将鞋盒抱回家，和母亲一起怀着激动的心情将礼物打开，出现在眼前的两只鞋居然是一只高跟一只平跟。她气得脸色发青，恨恨地咬着牙齿，"砰"的一声关上闺门，蒙在被子里号啕大哭起来。她的父亲也勃然大怒："明天约他来吃晚餐，看他如何解释，我女儿可不是跛子！"

第二天，他应邀登门，面对质问，他却不慌不忙地说："我想告诉我心爱的人，自己的事情要自己拿主意，当别人作出错误的决定时，受害者就会是自己！"随后，他从包里拿出另外两只一高一矮的鞋子，说："以后你可以穿平跟鞋去看足球，穿高跟鞋去看电影。"父亲在女儿的耳边悄声而激动地说："嫁给他！"

"木头"情郎叫费尔兰多·基什内尔。2003年当选为阿根廷总统，而她就是第一夫人克里斯蒂娜·赞尔兰。2007年12月10日，克里斯蒂娜从卸任阿根廷总统的丈夫手中接过象征总统权力的权杖，成为阿根廷历史上第一位民选女总统，他们夫妇交接总统权杖，成为现代历史上第一例。

不要总是让别人替你做主，包括你的父母，因为一旦你为别人的看法所左右时，你已沦为别人的奴隶。永远做自己的主人，这样才能做到自尊自爱。

当现实需要考验你内心的智慧时，记住，一定要去尝试自己想要尝试的东西。相信自己的直觉，不要让别人的答案扰乱你的计划。如果自己感觉很好，就跟着感觉走吧，否则你永远不会知道结局有多么美好。

重复别人走过的路，是因为忽视了自己的双脚

有位著名的科学家做过一个有趣的实验：

科学家把许多毛毛虫放在一个花盆的边缘上，让它们首尾相接，围成一圈，并在花盆周围不远的地方，撒了一些毛毛虫喜欢吃的松叶。

实验开始后，毛毛虫一个跟着一个，绕着花盆的边缘一圈一圈地行走，一小时过去了，一天过去了……这些毛毛虫只知道跟着前面的那只毛毛虫不停地绕圈子，最终它们因为饥饿和精疲力

竭而相继掉落下来，没有一只能吃到松叶。

在嘲笑毛毛虫只知道跟着前一只行走的同时，我们应该反思一下自己，是不是也曾经跟在别人后面，走在别人的路上。人们常说，成功可以复制。前面的人或许在这条路上创造了辉煌，但是，盲从别人的路，并不见得就是成功的捷径，很可能我们走上去就是不通的。

假如你得到了整个世界，却丢了自我，那就等于把王冠戴在苦笑着的骷髅上。世界上最可怕的事情就是迷失自我。一旦在盲从中失去了自我，那么，无论如何是得不到真正的幸福的。只有敢于用自己的思想、见解和方法看待事物的人，才会在创造中获得幸福感，并被人们所接受。

一个男人从偏僻的农村来到繁华的巴黎，为了吃饱肚子，他只能画最畅销的裸体画。

一天晚上，他孤独地散步在巴黎街头，在一个明亮的橱窗前，他听到两位青年议论他所画的一幅少女裸体画：

"这幅画简直糟糕透了，甚至让人作呕。"

"是啊，米勒画的。他是个除了裸体女人，什么都不会画的人！"

他沮丧地回到家中，痛苦地对妻子说："从今以后我再也不画裸体画了，就算这会让我们的生活变得更苦。我已经厌恶巴黎，这是个充满铜臭的城市，它让我不知不觉地走上了庸俗的道路，我要回归农村，住到农民中间去！"

米勒很快移居到巴黎附近的巴比松。在这里，他用自己烧的木炭画素描，靠朋友的接济度日，还要经常对付资产阶级文人学士在艺术上对他的诋毁和攻击。但是，他始终坚持自己的艺术方向——以农民及农村生活为题材，后来，他画的《播种》《拾穗者》《扶锄的人》等都成了世界美术史上的经典名著。

这位享有"农民画家"之誉的法国现实主义艺术大师说过："我生来是一个农民，我愿意到死也是一个农民。我要描绘我所感受到的东西。"

重复别人走过的路，是忽视了自己的双脚。没有人能够因为效仿他人而获得成功，即使他效仿的是一个伟大的成功者。比如搞写作的人看到股票很火，看到别人投资赚了，即使借钱也要玩一回心跳，全然不顾自己有没有这样的经济头脑。其实，越是在潮流面前，我们越应该保持清醒。看清自己的特长和兴趣，找准发展方向，才是最重要的。

鞋子舒不舒服，只有脚知道

很多人都曾有过这样的感受：小时候总是很羡慕别人，或是羡慕别人有漂亮的衣服，或是羡慕别人有新奇的玩具，或是羡慕别人有可爱的弟弟妹妹，总之就是觉得别人的东西才是最好的，

从不去想那些东西是不是适合自己，也可能等到自己成熟之后，才发现那不是适合自己的。

就像有的人喜欢穿长裙，有的人喜欢穿牛仔裤，还有人喜欢穿西装，也有人喜欢穿 T 恤。穿长裙的对穿牛仔裤的休闲风格欣赏有加，穿牛仔裤的对穿长裙的柔美气质艳羡不已，穿西装的对穿 T 恤的自由随意渴望已久，穿 T 恤的对穿西装的端庄稳重心驰神往。然而，他们如果换着穿衣，很可能自己的风格就不复存在，只剩不伦不类的难堪。

好的不一定适合你，鞋子舒不舒服只有脚知道。再华丽的鞋子，哪怕是童话里的水晶鞋，如果穿在自己的脚上无法行走，那外表的光鲜又有何用？所以，不要羡慕那些"好的"，对我们每个人来说，我们应该追求的是那些"适合"的。一位徒步旅行者去浪漫的法国旅游。有一天，他漫步走到法兰西剧院附近，远远地看见了大师莫里哀的纪念像。他走到雕像前瞻仰的时候，才发现大师雕像的脚下有个穿着厚厚的夹克和牛仔裤的头发蓬乱的乞丐。

那是一个典型的欧洲乞丐，一头没有打理过的金色头发，胡子拉碴。显然，因为时间尚早，那乞丐应该也是刚到，他跪坐在足有双人床那么大的薄毯上，一样一样地、细心地摆弄着他的家什：番茄酱、芥末酱、蛋黄酱、醋……还有许多种旅行者叫不上名字的东西，但看上去似乎都是调料。

乞丐发现旅行者在看他，抬头友善地一笑。旅行者大胆地跟他打招呼，问他："你有那么多东西了，还要什么呢？"乞丐开心地大笑，双手一摊，指着他的家当说："这些东西有什么用处！

我得要到每天的面包呀！"是啊，尽管这位乞丐已经拥有了那么多调料，可他仍需"要到每天的面包"，因为那些调料无法充饥。对他而言，只有面包才是最重要的，只有面包才是他每天必需的东西，才是最符合他要求的东西。

联想我们自己的生活。有时候，我们费尽心机、千辛万苦得到了某些东西，可那些东西是我们真正需要的吗？是真的适合我们的吗？要钻石还是要爱情？这个问题跟要面包还是要调料其实是一样的。很多时候，我们的追求本末倒置，我们为之羡慕和迷醉的，或许并不是我们真正需要的。

在一条乡村的小路边，有一眼清澈的山泉。村里人上街或者串亲戚，路过山泉，便停下蹲在泉眼边喝水解渴，顺便看一眼宜人的景色。人们或用手捧水或用树叶折叠成碗状舀水喝，后来不知道谁放了个破碗在泉边，大家感到非常方便。

过了一段日子之后，有人看到那个破碗不够美观，于是就把它一脚踢到旁边，不知滚到哪里去了。然后那人换上了一只非常漂亮的瓷碗。过路人都觉得还是这只碗美观，喝起水来仿佛也分外甘甜。

然而，让人们意想不到的是，没过几天，那只漂亮的瓷碗不翼而飞了。好碗丢失了，破碗又被扔到一边，人们又只好用树叶或用手捧水喝，相当不习惯。于是，又有热心人买来一只好瓷碗，放到了泉水边。

可惜的是，这只瓷碗的命运与前一只瓷碗的命运没有两样。很快，好瓷碗再次不翼而飞了。这时候，人们才想起来，漂亮的

瓷碗很容易被人拿走，买只好碗放在泉边，根本没有必要，它很容易丢失，那样只会给路人带来更大的不便。而破碗放在山泉边上，除了喝水的人，谁都不会注意的。

于是，人们去把那只破碗找了回来，让它重新回到原来的位置。那重新捡回来的破碗，从来没有丢失过。

这个故事就像我们的人生，好的东西不一定是合适的，而合适的东西也不一定就是好的。有人在高温烈日下徒步跋涉却乐在其中，有人在空调房里斜靠沙发、手捧零食看韩剧，同样逍遥自在。旅行者也许会认为看韩剧者是在浪费生命，看韩剧者则认为对方是自找罪受，谁也不能理解谁。但其实只要适合自己，就是美丽快乐的人生。

因此，在生活中我们不必整天为得不到"好的"而懊恼。羡慕别人的工作工薪甚高，可是把你放在那个位置上你能胜任吗？羡慕别人的爱人温暖贴心，可换成你们在一起，你俩的性格搭调吗？羡慕别人的孩子懂事、有出息，可那是你的亲生骨肉吗？

微风吹过，蒲公英的种子打开降落伞在风中寻找自己的目标，它们中有的选择了美丽的大海歇息，有的选择了广袤的沙漠嬉戏，也有的一头扎进黑兮兮的土里。第二年，春风吹起的时候，只有将家安在土中的种子才在阳光下露出美丽的笑脸。

找到属于你的沃土，你才能生根发芽。所以，只有知道了自己想要的是什么，知道了适合自己的是什么，我们的人生才会有方向，才会更容易成功。

4

活出你自己，才值得全世界来爱你

　　总是戴着别人给予的面具生活，久了，等
摘下时就会发现，自己的脸早已和这面具一样
了。其实，不必太在意别人的看法，不管自己
现在处于什么阶段，你要知道：我是谁。不必
为任何人改变你自己，做人无须谁青睐，只为
生命的自在。

本色出演，飞向属于你的蓝天

有多少人曾想过改变自己，以追逐想要的一切，到头来才发现，自己做了一个邯郸学步的寿陵少年，不仅没有得到自己想要的，还丢了自己最初拥有的。那么，当初为什么就不能尊重自己的本性，做那个最真的自己？也许正是因为没有彻悟。

有一天，一位自然学家经过一座农场，看到鸡舍里的鸡群中有一只老鹰，于是就问农场主人，为什么鸟中之王会落魄到与鸡群为伍的地步。农场主人说："因为我一直喂它吃鸡饲料，把它训练成一只鸡，所以它一直都不会飞，它的一举一动根本就是只鸡，而且也不再认为自己是一只老鹰了。"

那位自然学家说："不过，它到底还是一只老鹰，应该一教就会的。"

经过一番讨论之后，两个人决定试试看是否可行。自然学家轻轻地把老鹰放在手臂上，然后说："你属于蓝天而不是大地，张开翅膀飞翔吧！"可是那只老鹰有点疑惑，因为它不知道自己是谁。它看到鸡群在地上啄食，于是又跳下去与它们做伴了。

自然学家不死心，又把老鹰带到屋顶上怂恿它飞。他说：

"你是一只老鹰，张开翅膀飞翔吧！"可是老鹰对它的新身份和这个陌生的地方感到恐惧，于是又跳到地上去啄食了。

到了第三天，自然学家起了个大早，把老鹰带到高山上。他把鸟中之王高举在头上，再次鼓励他说："你是一只老鹰，属于蓝天和大地，张开翅膀飞翔吧！"

老鹰回头看了看远方的农场，再看了看天空，还是没有飞。自然学家把它举起来向着太阳。接着，奇迹发生了，老鹰的身子开始颤抖了起来，然后慢慢地张开翅膀。最后，发出了胜利的叫声，冲向了天际。

其实，这只老鹰就是我们的真实本性，具有无限的能力和潜力，却被以"鸡群"为代表的世俗的恐惧和限制束缚了心灵。更可悲的是，我们本身竟然也对此予以默认。

我们总把眼光放在外界，追逐自己所想的美好事物，常常忽视了自己的本性，在利欲的诱惑中迷失了自己。因此，终日心外求法，患得患失。如果能明白自己的本性，坚守自己的心灵领地，又何来自悔自恼呢？

王羲之的伯父王导的朋友太尉郗鉴想给女儿择婿。当他知道丞相王导家的子弟个个相貌堂堂，于是请门客到王家选婿。王家子弟知道之后，一个个精心修饰，规规矩矩地坐在学堂，看似在读书，心却不知飞到哪儿去了。唯有东边书案上，有一个人与众不同，他还像平常一样很随便，聚精会神地写字，天虽不热，他却热得解开上衣，露出了肚皮，并一边写字一边无拘无束地吃馒头。当门客回去把这些情形如实告知太尉时，太尉一下子就选中

了那个不拘小节的王羲之。太尉认为王羲之是一个敢露真性情的人。他尊重自己的本性，不会因外物的诱惑而屈从盲动，这样的人可成大器。

我们常常会羡慕和追求别人的美丽，却忘了尊重自己的本性，稍一受外界的诱惑就可能随波逐流。事实上，每一个人都有自己独有的优点和潜力，只要你能认识到自己的这些优点，并使之充分发挥，你也必能成为某一领域的领军人物。

做人没有必要总是做一个跟从者，一个旁观者，只需知道自己的本性就足可以成为一道风景。不从外物取物，而从内心取心，先树自己，再造一切，这才是你首先要做的。

做最原始的自己，比做任何人的复制品都要好

有些人可能习惯了戴着面具生活，他们煞费苦心地掩盖自己的某些不足和缺陷、身世和背景，或是将自己置身于一个虚幻的境界之中，这是非常无知和自卑的。这些人企图以一个十全十美、无所不能的形象出现在别人面前，以此来博得大家的爱戴和尊敬，殊不知这样做是徒劳无益的，到头来反而还会使自己落到

非常尴尬的境地。因为假的、虚的东西，总是非常短命的，就像烟雾再浓密总会散去，彩虹再美总是短暂，海市蜃楼再壮观总会消失一样，虚伪就如同大雪覆盖下的荒原，春天到来，冰雪融化，贫瘠、荒凉的面貌就会暴露无遗。

曾看到这样一个故事，很值得我们深思：

有一位女子，出生在一个平常的家庭，做一份平常的工作，嫁了一个平凡的丈夫，有一个平常的家，总之，她十分平常。

忽然有一天，报纸上的一则广告招聘一名特型演员，演王妃。

她的一位好心朋友替她寄去一张应聘照片，没想到，这个平常女子从此开始了她的"王妃"生涯。

太艰难了，她阅读了大量的关于王妃的书，她细心揣摩王妃的每一缕心事，她一再地重复王妃的一言一行、一颦一笑……

不像，不像！导演、摄影师无比挑剔，一次又一次让她重来……

现在，她已能驾轻就熟地扮演"王妃"了。糟糕的是，现在她想要回复到那个平常的自己却非常困难，有时要整整折腾一个晚上。每天早晨醒来，她必须一再提醒自己"我是××"，以防止毫无理由地对人颐指气使；在与善良的丈夫和活泼的女儿相处时，她必须一再地告诉自己"我是××"，以避免莫名其妙地对他们喜怒无常。

她深有感触地对人说："让一个享受过优厚待遇和至高尊崇的人回复到平常生活，实在太难了。"

说这话时，她仍然像个"王妃"。

所谓"假作真时真亦假"，许多人都是这样被"戏装"异化了，以至于曲终人散后，还卸不下装来，找不到自己。扪心自问："我是否在意过自己最真实的内心世界？尊重过自己的本性？"心会告诉我们那个最真实的答案。

一个人，无论他现在做着什么样的工作，过着怎样的生活，只要他尽心尽力，忠于职守，那么，他就是活得真实而高贵的。

人，活着不是装给别人看的，不是为别人的观念而活着的。每个人都有每个人的活法，为什么要得到别人肯定，自己心里才会舒服呢？莫不如活得真实一些，也许我们身上穿的不是金缕玉衣，戴的不是翡翠玉石，但我们的内心深处，同样可以拥有一种坦然，一种摆脱一切伪装的自在。

我们要活得真实一些，去面对现实，面对理想与现实之间的差距，只有这样，我们才会稳下心来，为自己的理想与生活去打拼，才能展现出我们自己真正的实力；也只有这样，我们的腰杆才能挺起来，才不会在朋友面前谈到自己时，心里发虚。

活得真实一些吧，我们就能坦荡无悔地走过此生。

做真实的你自己，别人才会更爱你

爱情是什么呢？它应该是平凡的生活中，不时溢出的那一缕缕幽香。

爱，不应以车、房等物质为衡量标准；在相爱的人眼中，不应有年老色衰、相貌美丑之分。爱是文君结庐卖酒的执着与洒脱，爱是孟光举案齐眉的尊重与和谐，爱是口食清粥却能品出甘味的享受与恬然，爱是"执子之手，与之偕老"的死生契阔。在懂爱的人心中，爱俨然可以超越一切的世俗纷扰。

然而有很多人，他们越在乎一个人，越想博得对方的好感，就会越压抑自己的内心感受，在隐忍中远离肆意的笑，在矜持中不敢放声地哭。爱情再美好，它首先是一种真实，你若为它放弃了原来的自己，你最终收获的，只能是一场没有结局的情伤。

雍容华贵、仪态万千的公主爱上了一个小伙儿，很快，他们踩着玫瑰花铺就的红地毯步入了婚姻殿堂。故事从公主继承王位、成为权力威慑无边的女王说起。

随着岁月的流逝，女王渐渐感到自己衰老了，花容月貌慢慢褪却，不得不靠一层又一层的化妆品换回昔日的风采。"不，女

王的尊严和威仪绝不能因为相貌的萎靡而减损丝毫！"女王在心中给自己下达了圣旨，同时她也对所有的臣民，包括自己的丈夫下达了近乎苛刻的规定：不准在女王没化妆的时候偷看女王的容颜。

那是一个非常迷人的清晨，和风怡荡，柳绿花红，女王的丈夫早早起床在皇家园林中散步。忽然，随着几声悦耳的啁啾鸟鸣，女王的丈夫发现树端一窝小鸟出世了。多么可爱的小鸟啊！他再也抑制不住内心的喜悦，飞跑进宫，一下子推开了女王的房门。女王刚刚起床，还没来得及洗漱，她猛然一惊，仓促间回过一张毫无粉饰的白脸。

结局不言而喻，即使是万众敬仰的女王的丈夫，犯下了禁律，也必须与庶民同罪——偷看女王的真颜只有死路一条。

女王的心中充满了悲哀，她不忍心丈夫因为一时的鲁莽和疏忽而惨遭杀害，但她又绝不能容忍世界上任何一个人知道她不可告人的秘密。行刑的那一天，女王泪水涟涟地去探望丈夫，这些天以来，女王一直渴望知道一件事，错过今日，就永远揭不开谜底了。终于，女王问道："没有化妆的我，一定又老又丑吧？"

女王的丈夫深情地望着她说："相爱这么多年，我一直企盼着你能够洗却铅华，甚至摘下皇冠，让我们的灵魂赤诚相容。现在，我终于看到了一个真实的妻子，终于可以以一个丈夫的胸怀爱她的一切美好和一切缺欠。在我的心中，我的妻子永远是美丽的，我是一个多么幸福的丈夫啊！"

这个故事让我们知道，真正的爱情可以穿越外表的浮华，直达心灵深处。然而，喜爱猜忌的人们却在人与人之间设立了太多屏障，乃至于亲人、爱人之间也不能坦然相对。除去外表的浮华，卸去心灵的伪装，才可以实现真正的人与人的融和。

你是上帝的原创，不是任何人的复制品

人在一定程度上要为自己而活。是的，为自己而活，不能一味地为别人而活。我们的成功是我们亲手创造的，别人的路不一定适合我们，不要盲目崇拜任何人。你是上帝的原创，不是任何人的附属品，所以在你有限的时间里，活出自己的人生，这才是幸福的。

有这样一个故事，或许能够让你明白活着的价值：

娜塔莎正在弹钢琴，7岁的儿子走了进来。他听了一会儿说："妈，你弹得不怎么高明吧？"

不错，是不怎么高明。任何懂钢琴的人听到她的演奏都会退避三舍，不过娜塔莎并不在乎。多年来娜塔莎一直这样不高明地弹，弹得很高兴。

娜塔莎也喜欢不高明地歌唱和不高明地绘画。从前还自得其乐于不高明的缝纫，后来做久了终于做得不错。娜塔莎在这些方

面的能力不强，但她不以为耻。因为她不愿意活在别人的价值观里，她认为自己有一两样东西做得不错。

"啊，你开始织毛衣了。"一位朋友对娜塔莎说，"让我来教你用卷线织法和立体织法来织一件别致的开襟毛衣，织出 12 只小鹿在襟前跳跃的图案。我给女儿织过这样一件。毛线是我自己染的。"

娜塔莎心想：我为什么要找这么多麻烦？做这件事只不过是为了使自己感到快乐，并不是要给别人看以取悦别人的。娜塔莎看着自己正在编织的黄色围巾每星期加长五六厘米时，还是自得其乐。

从娜塔莎的经历中不难看出，她生活得很幸福，而这种幸福的获得正在于，她做到了不是为了向他人证明自己是优秀的而有意识地去索取别人的认可。改变自己一向坚持的立场去追求别人的认可并不能获得真正的幸福，这样一条简单的道理并非人人都能在内心接受它，并按照这个道理去生活。因为他们总是认为，那种成功者所享受到的幸福就在于他们得到了这个世界大多数人的认可。

其实，获得幸福的最有效方式就是不为别人而活，不让别人的价值观影响自己。通过和你自己紧紧相连，通过把你积极的自我形象当作你的顾问，通过这些，你就能得到更多的认可。

我们人生的时间有限，所以不要为别人而活。不要被教条所限，不要活在别人的观念里，不要让别人的意见左右自己内心的声音。最重要的是，勇敢地去追随自己的心灵和直觉，只有自己的心灵和直觉才知道你自己的真实想法，除了你的心灵和直觉，其他一切都是次要的。我们无法改变别人的看法，能改变的仅是我们自己。想要讨好每个人是愚蠢的，也是没有必要的。与其把精力花在一味地去献媚别人，无时无刻地去顺从别人，还不如把主要精力放在踏踏实实做人上，兢兢业业做事上。

对于寻找自我的人来说，独处也是一种精彩

孤独的灵魂是高尚的，一个人的思想越深邃，理解的人就越少，成功之路本身就是孤独的。在努力的过程中，我们没有必要去为别人的指责而辩解，更没有必要为此而烦恼。

对于寻找自我的人来说，独处是人生中最美好的体验，尽管有些寂寞，不过会有一种充实感。独处是灵魂生长的必要空间，它会给你带来一种宁静和放松，真正体会到那种宁静在你灵魂深处的美。独处时可以检验、回顾自己走过的路和做过的事，及时修正自己的不足，纠正自己的言行。

一个人喜欢独处，并非表明这个人就是个孤独的人，而恰恰表明他是一个感情丰富、内心世界充实的人。一个人可以利用短暂的独处，调整自己的状态，用这不受打扰的时光，使身心彻底

放松，让自我回归，与自己作一次深层的交流，让灵魂得到一次休养。

或许你惧怕独处，或者在你的内心独处是一件可怕的事情，但是要知道一个人独处往往是在给自己机会——自己认识自己的机会，同时，也是让自己享受一个人精彩的机会。要知道每个人都需要个人的空间，如果你能够让自己的空间时常保持着，那么你在心情不好的时候起码有发泄的机会。

一个人独处时，你可以拥有一片静谧的空间，真正地享受一下独处的时光，享受一下独处的空气，彻底地抛开一切烦恼，让自己的内心开阔，同时可以抛开久积心头的忧郁，让自己释放出忧郁，得到暂时的解脱。同时，独处也可以让人清心寡欲，逍遥自在，感受自我，静思内省，从而做到清除灵魂中的污垢，让灵魂得到洗礼与净化。这样的独处何乐而不为呢？我们的生活中既有诗情画意，有如音乐般优美的旋律，又有丑恶与狰狞，有如魔鬼般的假恶丑。正因如此，这个时候我们才更需要独处的空间，智者更敢于选择独处。对于智者，独处是一种豁达的心态，是一种满怀的性情，是一种未了的意愿。

在有些人看来，不停地与自己对话，喜欢自言自语的人非疯即傻。其实，面对这样的人，你可以不去理会。他厌烦整理自己的内心世界，无法忍受孤独，会想方设法消遣这独处的时光，或打牌或喝酒划拳，让表面的热闹填充极度的内心空虚，因为他觉得再无聊的消遣，也会比独处有趣得多。对于这种人，我们也大可不必去指责他，他的语言、思想、世界也是因其性格决定的。

布鲁诺说过这样的话："在这世上，那些想过神圣生活的人，都异口同声地说过：噢，那我就要到远方去，到野外居住。"波斯诗人萨迪说："从此以后，我们告别了人群，选择了独处之路，因为安全属于独处的人。"他描述自己说："我厌恶我的那些大马士革的朋友，我在耶路撒冷附近的沙漠隐居，寻求与动物为伴。"

优异、突出的人与其他人之间的共通之处只存在于人性中的最丑陋、最低级，亦即最庸俗、最渺小的成分中；后一类人拉帮结伙组成了群体，他们由于自己没有能力攀登到前者的高度，所以也就别无选择，只能把优秀的人们拉到自己的水平。这是他们最渴望做的事情。

试问，与这些人的交往又能得到什么喜悦和乐趣呢？因此，尊贵的气质情感才能孕育出对孤独的喜爱。无赖都是喜欢交际的，他们的确可怜。相比之下，一个人的高贵本性正好反映在这个人无法从与他人的交往中得到乐趣，他宁愿孤独一人，也无意与他人为伴。然后，随着岁月的增加，他会得出这样的见解：在这世上，除了极稀少的例外，我们其实只有两种选择：或者孤独，或者庸俗，两者必须选择一个。

孤独是困苦的，是一种人生的煎熬，但可不要让孤独变得庸俗；正因如此，我们有时需要孤独的存在。一个没有孤独过的人生也是不完美的，当你感受到了孤独时的苍凉，你才会感受到生活中依然会有温暖和幸福。如果你能够认识到这一点，那么最终你得到的将会是很多。

独处时，我们可以面对苍林大海，感受生命与大自然的融合；

我们可以走进古今大师杰作，体会那种心灵的共鸣与震撼。独处我们也可以让思绪走进心海，静坐在一片蔚蓝旁，享受这独一无二的宁静与美丽。给自己留一些独处的时间，于繁忙的事务中抽身，享受一下独处给你带来的宁静，何乐而不为呢？

一个人的生活没什么不好，起码你自己可以有自己生存或者说生活的空间，人们需要独处，因为这个时候是一个人思考的最佳时间。如果你无法忍受独处的寂寞，那么你怎么会感受到自己存在的价值呢？

每个人都有每个人存在的价值，如果你看不到自己存在的价值，那么最终你也无法实现自己的成功，如果在你的生活中，你只能够通过别人实现自己的成功，或者是依赖别人。那么你不会感受到自己人生的可悲吗？如果你能够独处，那么你必然就感受到了独处的乐趣，最终，你会发现这也是一种幸福。

留住生命中的纯粹，守护你做人的原则

不能坚持自己原则的人，就好像墙上的无根草，随风飘摆不定，找不到自己的方向。这样的人，是得不到别人的信任的，更谈不上成功。如果你自己都不确定想要什么，不要什么，别人又怎么给你呢？所以不要为了谋取小功小利而不择手段，甚至放弃自己的最后一项原则。一旦原则丧失，未来就只能任凭别人的摆布与欺骗。

有这样一则故事：

国外某城市公开招聘市长助理，要求必须是男人。当然，这里所说的男人指的是精神上的男人，每一个应考的人都理解。

经过多番角逐，一部分人获得了参加最后一项"特殊的考试"的权利，这也是最关键的一项。那天，他们云集在市府大楼前，轮流去办公室应考，这最后一关的考官就是市长本人。

第一个男人进来，只见他一头金发熠熠闪光，天庭饱满，高大魁梧，仪表堂堂。市长带他来到一个特殊的房间，房间的地板上撒满了碎玻璃，尖锐锋利，望之令人心惊胆寒。市长以威严的口气说道："脱下你的鞋子！将桌子上的一份登记表取出来，填好交给我！"男人毫不犹豫地将鞋子脱掉，踩着尖锐的碎玻璃取出登记表，并填好交给市长。他强忍着钻心的痛，依然镇定自若，表情泰然，静静地望着市长。市长指着大厅淡淡地说："你可以去那里等候了。"男人非常激动。

市长带着第二个男人来到另一间房间，房间的门紧紧关着。市长冷冷地说："里边有一张桌子，桌子上有一张登记表，你进去将表取出来填好交给我！"男人推门，门是锁着的。"用脑袋把门撞开！"市长命令道。男人不由分说，低头便撞，一下、两下、三下……头破血流，门终于开了。男人取出登记表认真填好，交给了市长。市长说道："你可以去大厅等候了。"男人非常高兴。

就这样，一个接一个，那些身强体壮的男人都用意志和勇气证明了自己。市长表情有些凝重，他带最后一个男人来到特殊房间，市长指着房间内一个瘦弱老人对男人说："他手里有一张登记表，去把它拿过来，填好交给我！不过他不会轻易给你的，你必须用铁拳将他打倒……"男人严肃的目光射向市长："为什么？""不为什么，这是命令！""你简直是个疯子，我凭什么打人家？何况他是个老人！"

男人气愤地转身就走，却被市长叫住。市长将所有应考者集中在一起，告诉他们，只有最后一个男人过关了。

当那些伤筋动骨的人发现过关者竟然没有一点伤时，都惊愕地张大了嘴巴，纷纷表示不满。

市长说："你们都不是真正的男人。"

"为什么？"众人异口同声。

市长语重心长地说道："真正的男人懂得反抗，是敢于为正义和真理献身的人，他不会选择唯命是从，做出没有道理的牺牲。"

我们是不是应该从中感悟到点什么？人的成功离不开交往，交往离不开原则。只有坚持原则的人，才能赢得良好的声誉，他人也愿意与你建立长期稳定的交往。坚持原则还使人们拥有了正直和正义的力量。这使你有能力去坚持你认为是正确的东西，在需要的时候义无反顾，并能公开反对你确认是错误的东西。

一个刚从医学院毕业的学生，在一家医院实习，实习期为一个月。在这一个月内，如果能够让对方满意，他就可以正式获得这份工作；否则，就得离开。

一天，交通部门送来了一位因遭遇车祸而生命垂危的人，实习生被安排做外科手术专家——该院院长亨利教授的助手。复杂艰苦的手术从清晨进行到黄昏，眼看患者的伤口即将缝合，这位实习生突然严肃地盯着院长说："亨利教授，我们用的是 12 块纱布，可你只取出了 11 块。""我已经全部取出来了，一切顺利，立即缝合。"院长头也不抬，不屑一顾地回答。"不，不行。"这位实习生高声抗议道，"我记得清清楚楚，手术中，我们用了 12 块纱布。"院长没有理睬她，命令道："听我的，准备缝合。"这位实习生毫不示弱，他几乎大叫起来："你是医生，你不能这样。"直到这时，院长冷漠的脸上才露出欣慰的笑容。他举起左手里握的第 12 块纱布，向所有人宣布："他是我最合格的学生。"

院长在考验他是否坚持自己的原则，而他具备了这一点。这位实习生后来理所当然地获得了这份工作。没有任何人能勉强你服从自己的良知，然而，不管怎样，一个坚持原则的人是会做到这些的。

坚持原则还会给我们带来许多，诸如友谊、信任、钦佩和尊重，等等。人类之所以充满希望，其原因之一就在于人们似乎对原则具有一种近乎本能的识别能力，而且不可抗拒地被它所吸引。

那么，怎样才能做一个坚持原则的人呢？答案有很多，其中重要的一个是：要锻炼自己在小事上做到完全诚实。当你不便于讲真话的时候，不要编造小小的谎言，不要在意那些不真实的流

言蜚语，不要把个人的电话费用记入办公室的账上，等等。这些听起来可能是微不足道的，但是当你真正在寻求并且开始发现它的时候，它本身所具有的力量就会令你折服。最终，你会明白，几乎任何一件有价值的事，都包含着它自身不容违背的内涵，这些将使你成功做人，并以自己坚持原则为骄傲。

每个人都应该这样——保持本色，坚守做人的原则，不忘做人之根本，这是我们在这个世上立足立身之基础。

第三辑
真情真善：爱的荒漠最悲哀

善良敛起来，是冷漠。人世的善良，有点像蜗牛的反应。若是你伸手触了它的身体，它就会迅速缩在壳子里，但，还会有探头出来的时候；若是烈日当空暴晒，它就会始终不出来，乃至死。可见，善良偶受伤害，也许只是阵痛。但若是整个社会风气已经容不得善良施行，世界就会变得一片荒凉。问题是，初始的时候，大家觉得，自己不拿出善良来，好像也并不需要别人的善良。但最后会发现，所有的人都活在了风口里，自己已经捂不热自己。多暖的房子，多厚的衣物，也会被尘世冷漠的风凛冽吹彻。

1

世间好看事尽有，
好听话极多，唯一真字难得

生命的本意是那么简单和纯粹，我们却用冷漠的外衣包裹着自己。世界没有对与错，只有因和果。当我们付诸百分之百的真诚去对待别人，不用去考虑他们会以何种方式回报，静静期待，所有的一切都是吸引而来的。

当诚信消失的时候，灵魂也就堕入了地狱

　　尽管我们付出诚信以后并不一定能够得到信赖和友爱的回报，但时间长了总会有一双没有杂质的眼睛理解诚信，总会有一颗诚挚的心灵接纳诚信的光辉。

　　只是不知从何时起，诚信却开始被人们淡漠了，越来越多的灵魂开始趋向功利，而将诚信当作迂腐。他们可能觉得自己很聪明，因为他们总是能够占得一些小便宜，这对他们来说很实惠，而且让他们更为得意的是，这种依靠不择手段获取的成绩，有时也能够博得不明真相的人的尊重。

　　但事实上，这些好处长久不了。道理很简单，每个人都有一种追求个人安全的本能，希望生活在自己周围的人都是友好的、诚信的，至少是对自己没有敌意的。如果身边出现了这样一个人：虚伪狡诈，唯利是图，那么任何一个人都会选择远避，这个没有诚信的人会逐渐被孤立，他的人生路肯定会越走越窄。

　　有一个享尽荣华的富翁死后下了地狱，他对这个判决不服，这是有原因的。在世时，他活得很好，有健康，有相貌，有金钱，有荣誉……他几乎什么都有，为什么死去以后要受折磨？他非常不满，一再要求去天堂。

上帝笑了笑，问他："你想去天堂，可是凭什么条件呢？"

富翁于是把他在人世所拥有的一切都说了出来，之后他反问道："所有这些，难道不足以使我上天堂？"

说完之后他扬扬得意地笑了……

上帝待他说完以后，平静地问了一句："难道你不觉得自己身上少了什么东西吗？"

"你已经看到了，我拥有很多东西，完全有资格上天堂！"富翁得意地笑着。

上帝继续引导他："你曾经抛弃了一种最重要的东西，难道你不记得了吗？在人生渡口上，你抛弃了一个人生的背囊，是不是？"

他终于想起来了，年轻时，有一次乘船过海，遇上了大风浪，小船险象环生，老船工让他抛弃了一样东西，他想来想去，金钱、相貌、荣誉……他舍不得，最后，他选择了抛弃诚信……可是他还是不服气，争辩道："不能因为这样就让我进入可怕的地狱，我还是有资格上天堂的！"

上帝变得很严肃："可是自那以后你都做了什么？他回想着……那次回家后，他答应妻子永远不背叛她，答应母亲要好好照顾她，答应朋友要一起做事业，后来……他继续回想着……自

己在外面有了情人，母亲因此劝告他，他索性也不管母亲了，他和朋友做生意，最后却把朋友的那一份也吞掉了，并且还把朋友送入了监狱……"

上帝打断他："看到了吗？丢掉诚信以后，你做了多少背信弃义的事？天堂是圣洁的，怎能让你这种人进去呢？"

他沉默了，他终于明白，自己其实不是无所不有，而是一无所有：爱情、亲情、友情……统统都随诚信而去了。

上帝看着他，说道："一个没有诚信的人，亲友、同事、客户以及所有周边的人都不会再相信他，要与他保持一定的距离，在人间如此，在天堂亦不例外！天堂里不欢迎你这种人，你还是下地狱去吧！"

当信用消失的时候，灵魂也就堕入了地狱。

无论在世界上的哪一个国家，诚信都是做人的根本，是人的名誉根本，是魅力的深层所在。现在的生意场上，企业做广告、做宣传，树立企业在公众中的形象，就是想提高企业的信用度。信用度高了，人们才会相信你，和你来往，成交生意。不过，企业的信用度需要靠产品的质量、优良的服务态度来实现，而非几句响亮的广告词、几次优惠大酬宾便可做到。人的信用也是如此。

人的信用，不是靠三寸不烂之舌便可以"吹"起来的，要看实实在在的行动。说得天花乱坠，而做起来又是另一套，只会让人更厌恶、更看不起，何谈为人的信用？获得众人的信任，铸就自己的信誉，不论你采取何种方法，笃诚、守信才是最根本的要诀。

在江苏兴化市有一位叫汪东奇的青年，就用自己的行动为我们诠释了"诚"的真谛。

汪东奇是兴化市张阳小区福彩投注站业主，一天，他按照一位李姓彩民的要求，垫款代买了 56 元的彩票。但是一直到晚上打烊，彩民也没来取彩票，汪东奇只好将彩票带回家。当晚，汪东奇像平常一样收看摇奖结果。不得了！那张自己垫款代买的彩票中了 500 万的巨奖！汪东奇和妻子惊喜不已，没有片刻犹豫，立即拨通了李姓彩民的电话。最初李先生还以为他是在开玩笑，不敢相信自己中了大奖，也不敢相信别人将中了奖的彩票这么轻易地交给自己。

"是别人的彩票就应该给人家！"朴素的语言，并没有说出自己伟大行为的闪光点，但是，诚信的内动力足以让这个社会上的大多数人汗颜！其实，汪东奇一家五口至今仍挤住在 50 多平方米的住宅里，他与妻子先后下岗，打了一段时间零工以后才攒足钱开办这样一家福利彩票代售点。此事发生前不久，他不满 10 岁的儿子因为烫伤到上海做手术就花了两万多元。而且，彩票不记名、不挂失，汪东奇与彩民之间又没有任何协议，完全可以找个借口不归还彩票。对于这对清贫的夫妻来说，503.9 万是个巨大的诱惑，但两个人都没有一丝动摇。正如汪东奇一家所说："假如将彩票据为己有，这辈子经济上是没问题了，但精神上将

欠一辈子的债，生命也就结束了。"

一个人，能将诚信视为生命，以光明磊落的形象彰显自己的魅力，这样的人即使物质清贫，他也是精神上的富翁。

在这个诚信危机的时代，物欲的极度膨胀把诚信物化成经济利益，维系着人与人之间脆弱微妙的关系。要维持人与人之间的关系纽带不至于崩裂，我们最需要的就是这种诚信精神。是故希望大家，都能将诚信当成刚刚从我们生命的原野上破土而出的嫩芽，格外地去呵护它、培植它、浇灌它，让这株岌岌可危的弱小苗木，最终长成参天大树，结出芬芳的桃李。

诚挚是最好的处世之道

要让新结识的人喜欢你，愿意多了解你，诚恳老实是最可靠的办法，是你能够使出的"最大的力量"。用欺骗手段来换取成就，这种方法并不可取。因为日久之后，欺骗被对方看破，对方对你的一切不能无疑。即使今日你虽真诚待他，对方还是会认为这是你另一种姿态的虚伪，即使你拿出赤心相示，他还是会认为你在做作。所以无诚不信，无信不诚。你要诚，必先要修信，修信乃能立信，立信乃能行诚，因此千万不要有一次的欺骗。要建立你坚强的信心，免得对方发生不必要的怀疑。

美国女记者基泰丝在一家叫"奥达克余"的百货商场买了一台唱机，基泰丝在商场受到售货员热情的接待，他们满面笑容地为基泰丝挑选一台未启封包装的唱机。但女记者晚上到家一试，却发现自己买的是一台无法使用的坏唱机，不由得火冒三丈。她决定第二天与该商场交涉，并迅速赶写好一篇"曝光"的新闻稿——《笑脸背后的真面目》。

第二天清晨，基泰丝还没有起床，就接到"奥达克余"商场的电话，通知商场副经理和一名职员随即前来道歉。半小时后，"奥达克余"一名职员给女记者送来一台合格的唱机，外加蛋糕、毛巾和畅销唱片。接着，同来的副经理宣读了一份备忘录，讲述该商场连夜寻找基泰丝的经过。原来，商场从电脑资料分析得知，有一台没有装内件的唱机已经被当作合格品售出。尽管这时已经接近深夜，但商场还是连续打了 35 次紧急电话，四处寻找这台唱机的买主，最终找到了基泰丝。

"奥达克余"通宵达旦地纠正自己的错误，使基泰丝深受感动。她立即重写新闻稿《35 次紧急电话》，使"曝光"变成了"表扬"。"表扬"稿一经发表，公众反响强烈，而"奥达克余"的信誉也随即大增。

诚能动人，至诚可以感天，虽然是家喻户晓的老话，但若论其效力的宏大，古今中外，却颇少例外。

诸葛亮高卧隆中，自比管乐，抱膝长吟，略无意于当世。他与刘备原是素昧平生，刘备一心想收为己用。刘备仗着自己是中山靖王之后，汉室的子孙，同时利用人心尚未忘汉的机会，亲自去访问诸葛亮，一连去了三次，才得相见。这种行径，十足表示他的诚挚。诸葛亮的无意当世，原是找不到合意的主子，亲见刘备有恢复汉室的宏图，对他又万分诚挚，认为他是合意的主子，便放弃高卧隆中的主张，相随左右。虽几经挫折，绝不灰心，到后来竟以"鞠躬尽瘁，死而后已"报答，可见其诚挚动人之深。

真实之中有伟大，伟大之中有真实。做人就要以真诚昭示天下，做一个堂堂正正的好人。即使生命中没有丰功伟绩，同样可以使自己的人生充满敬仰。

糟蹋自己的信用，无异于在拿人格做典当

人格是一生最重要的资本。要知道，糟蹋自己的信用无异于在拿自己的人格做典当。

古代周幽王有个宠妃叫褒姒，为博得她的一笑，昏庸的周幽

王竟然视军令为儿戏，下令在都城附近的烽火台上点起烽火。众所周知，在古代战争中，烽火是边关报警的信号，只有当外敌入侵需召诸侯来救援的时候才可点燃。这下好了，宠妃看将士们手足无措的样子开心地笑了，却恼怒了率领兵将们匆忙救驾的各路诸侯们。后来，西戎大举攻周，周幽王再燃烽火。然而，诸侯将领们谁也不愿再上第二次当，无人应和。结果呢，周幽王被逼自刎，而褒姒也被敌人掳了去。

周幽王自取其辱，身死国亡的故事，告诉我们国不可无诚信，人不可无诚信。诚信，是一池清澈的碧水，所有的真诚都明明白白地装在里面，谁不喜欢！而失信则如同被一团污泥弄脏了的池水，谁不厌恶呢？真正的成功者是以诚实为做人之道，以诚为本，才能有所成就。这是人人皆知的道理，但却不是人人都能做到的。

一个人凭着自己良好的品性，能让人在心里默认你、认可你、信任你，那么，你就有了一项成功者的资本。

有一次，我国一艘海轮通过美国主管的巴拿马运河，可是该船抵达外锚地已是下午 4 点，这里已有 30 余艘船正在排队等候通过。如果按先来后到的次序，我国这艘海轮最早也要等到第二天下午才能过巴拿马运河。时间就是金钱。光排队耗费的时间，就会使这艘海轮损失一笔可观的收入。正在中国船员为这件事十分懊丧时，美国方面却通知：中国海轮早上 5 点起锚，为第二名通过的轮船。

这艘中国海轮为什么会受到优待呢？原来，主管巴拿马运河的美国管理机构不讲情面，却重信誉。他们从计算机调出的档案资料表明，这艘中国海轮三次经过巴拿马运河，每次都是船况良好，技能颇佳，可信度高，所以决定让中国海轮领头先行。

望着运河中缓缓而行的船队，中国船员想着自己海轮所受到的优待，更觉得"信誉"不但重千金，而且是永久性成功的生命力。

加拿大企业家金诺克·伍德曾给他的儿子写过讲诚实的一封信。因为他的儿子为签署一份合同而花费大量心血，可惜最终由于对方缺乏商业道德而告吹。伍德在信中告诫儿子：千万别为此而不快。你具有诚实的人格，而对方没有。欠缺诚实的行为必定会招致别的不良后果，所以不必为他的"成功"而懊丧。必须注意的是你自己的品格，这才是最重要的。

一个诚实的人在日常生活中表现出真诚、坦率，这种品格是一种永久性成功或者超级成功的强大生命力。因此，在成功之路上走弯路、遭挫折、犯错误，这并不可怕，重要的是要有诚实的态度，讲信誉，才能获取真正的成功。

承诺不是水面上的一叶浮萍，漂游不定

一个人立身处世，信用很重要，这是人的名誉的根本，是魅力的深层所在。但信用绝非一朝一夕便可树立。吹牛皮的人，可以用自己的嘴巴将火车吹着跑。

法国一位老太太70岁时与一位律师订了一份契约。契约规定：老太太有生之年，那律师每月付给她2500法郎的生活费；老太太去世之后，她的房产归律师所有。然而，令律师意想不到的是，这生活费一付就是30年，直到律师去世，老太太还健在。而律师总共付出90万法郎，足够买下三四套这样的房子。

这件事本身，也许被某些人当作"贪小便宜吃大亏"的笑料，而从诚信的角度看来，这正是遵守诚信的最好典范。因为这名律师完全可以利用他的法律知识，想办法终止已经让他"吃亏"的契约，但他没有。他为了继续遵守诚信，宁愿吃亏，履行契约，直至死亡。

实现诺言，遵守诚信，有时可能让人失去什么，但同时也会

让人得到用金钱换不来的东西——尊重。其实不仅仅是商家，我们每个人都应遵守诚信，诚信是对每位公民的基本素质的要求。"诚"是对人的态度，忠诚、诚实；"信"是做人的态度，守信、信誉。诚实守信，也就是诚信。形成诚信的社会风气，既要有制度作保障，同时又需要人与人之间的以诚相待。这正是我们这个社会所需要的。

承诺的力量是强大的。遵守并实现你的承诺会使你在困难的时候得到真正的帮助，会使你在孤独的时候得到友情的温暖，因为你信守诺言，你便能够在人生的各个领域走得顺风顺水。

香港某商业家主张："拿牙齿当金使。"这个主张的意思是一诺千金，崇尚信誉。后来，许多企业家、商业家都赞同这一主张。人要获得成功，其因素有很多，但有一点不容忽视，那就是信誉。

不论是在交际中，还是在工作上，一个人的信用越好，就越能成功地打开局面。可以说，信用就是你最好的人生品牌。

任何虚伪的行为，都会损害情谊的基石

有很多人看似很讲义气，够直爽，但其实他采取的手段却是矫情虚伪的。比如孔子所说的微生高，有人向他要一点醋，他不说自己没有，却到他的邻居家要了给那人。这就是在矫情伪饰，虽然有人可能会说他义气，但这种为人处世的方法在现实生活中是不足取的。

真诚的奉献是一种付出，一个良好的个人形象正是在这种付出中树立起来的。有了这样一个形象，做什么事都会顺利得多。真诚会让人感到得到了尊重，从而感到身心愉快，乐意为你尽心尽力，所谓以心换心；而不诚之礼，则会让人感到被戏弄，受了污辱。那些虚情假意的东西，其出发点是自私的，但又常常害到自己。

陶朱公范蠡有三个儿子。陶朱公的二儿子因杀人被楚国拘囚起来。陶朱公说："杀人偿命是应该的，但我听说有千金之家财，其子可以不被处死于市中。"于是准备齐千金，打算让小儿子前去探视。但大儿子也坚持要去，并说："父亲不让大儿子

去，而让小弟去，一定是父亲认为我是不肖之子。"说着竟要自杀。夫人见此，再三强劝陶朱公，陶朱公不得已，只得让大儿子去，并附信一封，叫他交给自己过去的好友庄生。并对大儿子说："到了以后，把礼金送上，然后一切客随主便，不要与他争辩。"

大儿子到后，便按照父亲的嘱咐去做了。见过庄生之后，庄生就对他说："你快走，不要再继续留在这里了。即使你弟弟被放出来，也不要问是什么原因。"大儿子走后，并没有按庄生的吩咐回去，而是偷偷地住在楚贵人那里。庄生虽穷，却以廉洁耿直为标榜，楚王以下的大臣们都把他视为老师，非常尊重他。陶朱公的儿子所送千金之礼，庄生并无意收下。原本想把事情办成后，再退还给范蠡，以为信守之据，然而，陶朱公的长子并不理解他的这番良苦用心。

一天，庄生找了个理由觐见楚王，说天上有星象显示，有事不利于楚国，只能用做好事的方法才能消除。楚王一贯信任庄生，于是就命人封住三钱之府，准备大赦天下。楚贵人欣喜地将此喜讯告诉了朱公长子。不料朱公子想，大赦时弟弟一定会出来，千金岂不白送庄生了。于是就又去见庄生，庄生吃惊地问："你怎么还没离开这里？"朱公长子说："弟弟今将大赦，故而特来告辞。"庄生明白他的意思，就把钱还给了他。

庄生受了陶公子的耍弄，感到是一种奇耻大辱，于是就又觐见楚王说："楚王大赦是为了修德去凶，可楚国的百姓都说，陶地的富翁陶朱公的儿子杀了人被囚在楚，他们家里就用金钱来贿赂楚王左右的人，所以说楚王大赦并非为楚国百姓，只是为陶朱公的儿子一人着想罢了。"楚王听后大怒，下令将陶朱公的儿子立即处斩，然后才下令大赦。

当陶朱公长子把弟弟死亡的消息带回家后，母亲及乡亲都很悲伤，陶朱公说："我听说你的行动，就知道你一定会害死你的弟弟。这并非是你不爱他，只因为你从小与我一同创业，备尝生活的艰辛，所以很看重钱财。至于你小弟，本来就生长在富裕的环境里，出门乘车、骑马，不知钱财来得不易。我派他去只因为他能抛舍钱财，而你却不能。你弟弟被杀，我并不奇怪，我早就料想你会带丧报回来！"

陶朱公的长子救弟失败的原因是他吝啬钱财，而索回已送出去的礼物，使原来所做的一切都变得虚伪，还不如当初不送。这种行为的本身就构成了对庄生的伤害，使他认为自己从人格、尊严以及做事能力上都受到了污辱。因此，他又不辞劳苦地再帮"倒忙"的行为，也就不难理解了。可见，待人处世中的虚伪之礼，对人对己都没有好处，是要不得的。

其实做人做事，无论是为自己打算还是替别人考虑，只要自然而然地去做即可，这才是最明智的途径。否则，一旦打算用虚假来蒙蔽、用苛责去强求，往往会适得其反。

世间的许多事，正是因为人们刻意地介入而变糟，违背了事物本身的发展规律。在万物面前，人们应该保持尊重、虔诚的

态度，不要硬性地非打上个人的烙印。不必要的机巧和智慧要摒弃，这样更有利于事物的发展，减少人生的磨难。

任何人都会犯错，只有傻子才会让它继续

人即使再聪明也总有考虑不周的时候，有时再加上情绪及生理状况的影响，就会不可避免地犯错——估计错误、判断错误、决策错误。

人犯了错，一般有两种反应，一种是死不认错，而且还极力辩白。另一种反应是坦白认错。

第一种做法的好处是不用承担错误的后果，就算要承担，也因为把其他的人也拖下水而分散了责任。此外，如果躲得过，也可避免别人对你的形象及能力的怀疑。但是，死不认错并不是上策，因为死不认错的坏处比好处多得多。

遗憾的是，偏偏有一些人，从不知道自己有什么过错，甚至把错的也看成是对的。这是不能见其过的人。有一种人，明知自己错了，却甘于自弃，或只在口头上说错了，这是不能内省自讼的人。还有一种人，有错误也能责备自己，却下不了决心改正，这是不能改过的人。

诚然，无论做什么事，我们都希望自己是对的。当我们得出正确的结论时，我们会感到特别高兴。但我们应该知道，在人们所做的事情中，很少有人能说哪些事情是百分之百正确或百分之百错误的。然而，不管是在学校也好，公司也好，还是从事政治活动或是在运动场上，我们所有的社会系统都只能容忍我们做出正确的事情。结果很多人都在充满防御的心理下长大，而且学会掩饰自己的错误。

其实，诚实认错，坏事可以变成好事。姑且不论犯错所需承担的责任，不认错和狡辩对自己的形象有强大的破坏性，因为不管你口才如何好，又多么狡猾，你的逃避错误换得的必是"敢做不敢当"之类的评语。最重要的是，不敢承担的错误会成为一种习惯，也使自己丧失面对错误、解决问题和培养解决问题能力的机会。所以，不认错的弊大于利。

1970 年 12 月 7 日，时任西德总理的勃兰特以"伙伴"身份访问波兰，他此行的目的是促进两国关系的正常化。

波兰是第二次世界大战中第一个被德国以闪电战击溃的国家。据悉，在第二次世界大战期间，波兰共计死亡 600 余万人，其中包括 300 万犹太裔波兰人，当时的波兰与德国可谓仇深似海。

勃兰特在 12 月 7 日当天，首先代表德国做了一件他前任所拒绝做的事情——与波兰签订《德波协定》，承认奥德河－尼斯河为德波国界，战后首次承认了波兰的领土完整。

随后，他来到华沙犹太人殉难纪念碑前，虔诚地为当年起义

的遇难者献上花圈，在拨正花圈上的挽联后，勃兰特默默地后退几步，突然双膝一曲，跪倒在了纪念碑前。

这一跪并不是计划之中的做作之举，据勃兰特事后表示，他之所以跪倒在纪念碑前，是因为语言已经失去了表现力。

这一跪在德国国内引发了强烈反响，许多人因此而指责他。

这一跪对数百万的波兰遇难者表达了无与伦比的尊重，勃兰特承担了过去、现在和未来意义上的责任，令整个世界为之动容。

这一跪，勃兰特用自己的谦卑、寻求和解的至诚，将一个崭新的自由、民主、和平的德国展现在了世人面前，令德波和解掀开一页新的篇章。

40年后的同一天，2010年12月7日，当现任德国国家总统武尔夫再度来到华沙犹太人殉难纪念碑前敬献花圈时，他表示了对勃兰特的无比尊敬。他称赞，这历史性的一跪是最伟大的和解姿态。

勃兰特这一跪为何能够引起如此大的反响？因为他让全世界看到了自己的真诚，历史的过错并不是因他而起，但作为一国元首，他必须承担起这份历史责任，他用这一跪向波兰乃至全世界人民道出了一句最为真诚的"对不起"，他也因而得到了全世界人民的尊重。

其实，与其矢口否认，不如勇敢承担。若是大错，遮掩不住，狡辩无非是"此地无银三百两"，令人对你心生嫌恶。若是小错，用狡辩去换取别人对你的嫌恶，更划不来。

2

选择善良不是我软弱，
而是我明白，因果不空

如果"为善"一定要有个原因，那它就不是真善；如果"为善"一定要求个结果，那它也不能称之为"真善"。善良不是投资，它是从干净的内心里自发而出的一种行动，但这种行动的确会让你受益匪浅，因为因果不空。

让爱融合并传递，不要伤害与敌意

物质的膨化以及种种社会因素加剧了竞争，导致很多人产生一种幻象：只有成功才能感觉到自己还活着。于是，甚至为了成功不择手段。可是爱呢？是不是把它抛弃了？是不是为了成功就可以朋友间背信弃义？是不是为了成功就可以兄弟间相互倾轧？是不是为了成功就可以不顾一切？难道，这就是我们想要的人生？不！这不是！人类组成社会的初衷是为了相互帮扶，共同生存，是为了将爱融合并传递，而不是要培养敌视与伤害！

然而，我们看到的是，这个社会的爱淡了，情少了，可是冷漠却在不断蔓延，比如震惊国人的"小悦悦事件""药家鑫事件"，以及层出不穷的"讹诈事件""围观事件"……人们对于生命的冷淡，已经到了令人心寒的地步。

诚然，你不去撒播爱，也没人能够拿你怎样，但对于灵魂来说，这是一种罪恶。这种罪恶之所以能够大行其道，是因为我们习惯为罪恶找到理由，哪怕是自欺欺人的理由。可是，你还记得水塘之畔那位"最美孕妇"吗？

一个身怀六甲的女人，自己行动尚且不便，却在女童溺水之际义无反顾地跳水救人。这个平日里有些胆小的平凡女人，怎么敢、怎么会做出如今的惊人之举？那是出于她对"爱"的默默坚守。

事后也有人心疼地"责备"最美孕妇彭伟平：你就不担心肚子里的孩子？其实，正因为她是母亲，她更能体会到母亲失去孩子的痛苦，才会在千钧一发之际舍命相救。如果没有对生活一点一滴的热爱，没有每时每刻对善良的坚守，她又怎会做出如此壮美的举动？其实，人之初，性本善，只是我们有太多的人没有像彭伟平一样守住自己的底色。

不过，"爱"其实并未远走，只要你还愿意将它挽留。伸出你温暖的手，当你为别人打开一扇门的同时，上帝也会为你打开一扇窗，让阳光充满你的房间，照亮你的灵魂。

在美国得克萨斯州，一个风雪交加的夜晚，有位名叫马绍尔的年轻人因为汽车抛锚被困在郊外。正当他万分焦急的时候，有一位骑马的男子恰巧经过这里。见此情景，这位男子二话没说便用马帮助马绍尔把汽车拉到了小镇上。事后，当感激不尽的马绍尔拿出不菲的钞票对他表示感谢时，男子却说："这不需要回报，但我要你给我一个承诺，当别人有困难的时候，你也要尽力帮助他人。"于是，在后来的日子里，马绍尔主动帮助了许许多多的人，并且每次都没有忘记转述那句同样的话。

许多年后的一天，马绍尔被突然暴发的洪水困在了一个孤岛上，一位勇敢的少年冒着被洪水吞噬的危险救了他。当他感谢少年的时候，少年竟然也说出了那句马绍尔曾说过无数次的话：

"这不需要回报，但我要你给我一个承诺……"马绍尔的胸中顿时涌起了一股暖暖的激流："原来，我穿起的这根关于爱的链条，周转了无数的人，最后经过少年还给了我，我一生做的这些好事，全都是为我自己做的！"

如果你种下一盆花，经过细心呵护，花儿开了，它回报你的不止是美丽的色彩和醉人的香气，更会让你感觉到生命蓬勃的生机。同样，我们每传递一份爱，得到的不止是衷心的祝福与回报，还有灵魂的升华。

人的本性其实都是追求真善美的，不要让爱的传递因为外界因素而中断，即使平凡地生活、默默地奉献，同样能引起共鸣、赢得敬重。因为，爱是人生最美的底色。

要想拥有一片花的海洋，就必须将美丽与人分享

无论做人还是做事，与人为善都是一个最基本的出发点。而可悲的是，有一些人竟然错把善良当作迂腐和犯傻。这些人自以为聪明，其实是身在苦中不知苦。所谓"苦海无边，回头是岸"，让我们做一个善良的人，这是我们做人的底线。因为好人一生平

安，因为善良这种品质正是上天给我们的最珍贵的奖赏。

其实，你怎样对待别人，别人就会怎样对待你；你怎样对待生活，生活也会以同样的态度来对你进行回报。

譬如，当你在为别人解答难题的同时，也让自己对于这个问题有了更进一步的理解；当你主动清理"城市牛皮癣"时，不仅整洁了市容，也明亮了自己的视野，诸如此类，不胜枚举。

你要知道，一个自私自利，从不考虑他人的人，只会让自己众叛亲离，没有了亲朋的支撑，你的人生之路只会越走越窄。

早些时候，一个精明的花草商人，千里迢迢从遥远的非洲引进了一种名贵的花卉，培育在自己的花圃里，准备到时候卖上个好价钱。对这种名贵花卉，商人爱护备至，许多亲朋好友向他索要，一向慷慨大方的他却连一粒种子也不给。他计划繁育三年，等拥有上万株后再开始出售和馈赠。

第一年的春天，他的花开了，花圃里万紫千红，那种名贵的花开得尤其漂亮，就像一缕缕明媚的阳光。第二年的春天，这种名贵的花已繁育出了五六千株，但今年的花没有去年开得好，花朵略小不说，还有一点点的杂色。到了第三年的春天，他的名贵的花已经繁育出了上万株，但令这位商人沮丧的是，那些名贵的花花朵变得更小，花色也差多了，完全没有了它在非洲时的那种雍容和高贵。

难道这些花退化了吗？商人百思不得其解，便去请教一位植物学家，植物学家拄着拐杖来到他的花圃看了看，问他："你这

花圃隔壁是什么？"

他说："隔壁是别人的花圃。"

植物学家又问他："他们种植的也是这种花吗？"

他摇摇头说："这种花在全荷兰，甚至整个欧洲也只有我一个人有，他们的花圃里都是些郁金香、玫瑰、金盏菊之类的普通花卉。"

植物学家沉吟了半天说："我知道你这名贵之花不再名贵的致命秘密了。"植物学家接着说："尽管你的花圃里种满了这种名贵之花，但毗邻的花圃里却种植着其他花卉，这种名贵之花被风传授了花粉后，又染上了毗邻花圃里其他品种的花粉，所以你的名贵之花一年不如一年，越来越不雍容华贵了。"

商人问植物学家该怎么办，植物学家说："谁能阻挡住风传授花粉呢？要想使你的名贵之花不失本色，只有一种办法，那就是让你邻居的花圃里都种上你的这种花。"

于是商人把花种分给了邻居。次年春天花开的时候，商人和邻居的花圃几乎成了这种名贵之花的海洋——花朵又肥又大，花色典雅，朵朵流光溢彩，雍容华贵。这些花一上市，便被抢购一空，商人和他的邻居都发了大财。

没有一种高贵可以遗世独立。要想拥有一片花的海洋，就必须与人分享美丽，心灵无私，这是我们保持自身高贵的唯一秘密。

所以，当黑暗来临时，不妨点一盏灯，不为别人，只为自己，但为自己的同时却也是为了他人。不要吝啬于自己的善行。

当你点燃那盏照亮的灯时，受益的不仅是路人，而且还有你自己。任何时候的善行都将使你受益。

漆黑的夜晚，一个远行寻佛的苦行僧到了一个荒僻的村落中，漆黑的街道上，村民们你来我往。

苦行僧走进一条小巷，他看见有一团昏黄的灯从静静的巷道深处照过来。一位村民说："那个盲人过来了。"

盲人？苦行僧愣了，他问身旁的一位村民："那挑着灯笼的人真的是盲人吗？"

他得到的答案是肯定的。

苦行僧百思不得其解。一个双目失明的盲人，他根本就没有白天和黑夜的概念，他看不到高山流水，也看不到桃红柳绿的世界万物，他甚至不知道灯光是什么样子的，那他挑一盏灯笼岂不可笑吗？

那灯笼渐渐近了，昏黄的灯光渐渐从深巷移游到了僧人的鞋上。百思不得其解的僧人问："敢问施主真的是一位盲者吗？"

那挑灯笼的盲人告诉他："是的，自从踏进这个世界，我就一直双眼混沌。"

僧人问："既然你什么也看不见，那为何挑一盏灯笼呢？"

盲者说："现在是黑夜吗？我听说在黑夜里没有灯光的映照，那么满世界的人都和我一样什么也看不见，所以我就点燃了一盏灯笼。"

僧人若有所悟地说："原来您是为了给别人照明。"

但那盲人却说："不，我是为自己！"

"为你自己？"僧人又愣了。

盲人缓缓向僧人说："你是否因为夜色漆黑而被其他行人碰撞过？"

僧人说："是的，就在刚才，我还不留心被两个人碰了一下。"

盲人听了，深沉地说："但我却没有。虽说我是盲人，我什么也看不见，但我挑了这盏灯笼，既为别人照亮了路，也更让别人看到了我。这样，他们就不会因为看不见而碰撞我了。"

苦行僧听了，顿有所悟。他仰天长叹说："我天涯海角奔波着找佛，没有想到佛就在我的身边。原来佛性就像一盏灯，只要我点燃了它。即使我看不见佛，佛也会看得到我。"

爱是心中的一盏明灯，照亮的不仅仅是你自己。对于一个盲人而言，黑夜与白昼何来区别？然而，灯笼的光线虽然微弱，却足以让别人于黑暗中看到他的存在。他的善行照亮了别人，同时也照亮了自己，这看似有悖常理的行为，才是人生中的大智慧。

所以，在生命的夜色中，请为别人也为自己点燃那盏生命之灯吧，如此，我们的人生将会更加地平安与灿烂！

将一份快乐分给别人，便能得到两份快乐

当"给予"一词出现时，获得也就应运而生了。给予与获得是一对双胞胎兄弟，世间的一切有了给予，相应地就存在获得，当给予彻底消失时，获得也就不复存在了。

张三与李四两家相邻，只有一墙之隔。张三家种了一棵枣树，挂着红红大枣的枣枝伸进李四院内；李四家种着一棵苹果树，结着红艳艳大苹果的苹果枝也"越境"伸进张三院中。

实际上，各家只要将果树的枝条往自家院内撇一撇或用绳子将果枝勒住，果枝就不会"自由发展"。但张三想：李家很爱吃枣，就让他家尝尝鲜吧！李四也想：张家喜食苹果，就让他家尝尝苹果的美味吧！

于是两家互告邻居，过墙的果子随便吃。

由于互送甜蜜，两家都品尝到了滋味鲜美的水果；由于都惦着邻家，两家便亲如一家。

将一份痛苦分给别人，便得到两份痛苦；将一份快乐分给别人，便能得到两份快乐。人人都想获得，却往往忽视了这样一个真理——有付出才会有回报！若是将获得比作浩瀚宇宙中

一颗璀璨绚丽的明星，那么，给予便是通天之梯，只有爬上这座梯桥，才能伸手摘下星星。正所谓"一分耕耘，一分收获"，当你真正懂得了给予，获得才会伸展开它看似吝啬的翅膀，向我们飞来。

日已西沉，一个贫穷的小男孩因为要筹够学费，而逐户做着推销，此时，筋疲力尽的他腹中一阵作响。是啊，已经一天没吃东西了！小男孩摸摸口袋——那里只有1角钱，该怎么办呢？思来想去，小男孩决定敲开一家房门，看能不能讨到一口饭吃。

开门的是一位年轻美丽的女孩子，小男孩感到非常窘迫，他不好意思说出自己的请求，临时改了口，讨要一杯水喝。女孩见他似乎很饥饿的样子，于是便拿出了一大杯牛奶。小男孩慢慢将牛奶喝下，礼貌地问道："我应该付多少钱给您？"女孩答道："不需要，你不需要付一分钱。妈妈时常教导我们，帮助别人不应该图回报。"小男孩很感动，他说："那好吧，就请接受我最真挚的感谢吧！"

走在回家的路上，小男孩感到自己浑身充满了力量，他原本是打算退学的，可是现在他似乎看到上帝正对着他微笑。

多年以后，那位女孩得了一种罕见的怪病，生命危在旦夕，当地医生爱莫能助。最后，她被转送到大城市，由专家进行会诊治疗。而此时此刻，当年那个小男孩已经在医学界大有名气，他就是霍华德·凯利医生，而且也参与了医疗方案的制订。

当霍华德·凯利医生看到病人的病历资料时，一个奇怪的想法、确切地说应该是一种预感直涌心头，他直奔病房。是的！躺在病床上的女人，就是曾经帮助过自己的"恩人"，他暗下决心一定要竭尽全力治好自己的恩人。

从那以后，他对这个病人格外照顾，经过不断地努力，手术终于成功了。护士按照凯利医生的要求，将医药费通知单送到他那里，他在通知单上签了字。

而后，通知单送到女患者手中，她甚至不敢去看，她确信这可恶的病一定会让自己一贫如洗。然而，当她鼓足勇气打开通知单时，她惊呆了。只见上面写着：医药费———一满杯牛奶——霍华德·凯利医生。

帮助他人正是生命的本质。为他人尽力，也即为自己尽力；一个人在帮助别人时，无形之中就已经投资了感情，别人对于你的帮助会永记在心，只要一有机会，他们也会主动帮助你的。并且，你会因为帮助了别人而被别人放置在一个温暖的环境中，享受给予之后的快乐。

一个人的人生价值和真实幸福，不能仅仅囿于个人的一管之见、一私之利，要关爱别人，帮助别人，要"先天下之忧而忧，后天下之乐而乐"。只有这样的心志和心态，人生才能抵达一种高尚而神圣的境界。如此才能得到无比的快乐。

己所不欲，勿施于人

　　"己所不欲，勿施于人"出自《论语》。当时子贡问孔子："有没有一句话可以用来终身奉行？"孔子告诉他："大概只有'恕'吧！自己所不想要的一切，也就不要强加给别人。"这句话传承了两千多年，是儒家文化的精华之处，更是自古以来有道德、有修养的人所奉行的格言警句。

　　"己所不欲，勿施于人"的"恕道"，孔子将其作为奉行一生的座右铭，推荐给了自己的弟子。如今，我们常说"将心比心"，这实际上就是在推行"己所不欲，勿施于人"的"恕道"。是的，自己不想要的东西，何必强加给别人？人应该宽恕别人，这才是仁义的表现。孔子的话揭示了处理人际关系的重要原则，如果我们都能够以对待自己的行为作为参照，来对待他人，就一定会得到别人的尊敬。

　　然而遗憾的是，世道人心，往往脱离不了私欲的桎梏。我们之中或许就有许多人，总是习惯将自己不想做的事情推给别人，将自己不想要的东西转嫁到别人手中。反之，自己钟情的事物，则绝不肯与人分享了。这种"己所欲，悭施于人"的现象之所以会普遍存在，说到底还是因为人类自私的本性在作祟。

　　我们应该认识到，"己所不欲，勿施于人"这是做人的一种基本修养。你不想别人怎样对你，那你最好就不要那样对待别人。譬如说，你不想被人利用，那么请不要利用别人；你不喜欢别人对你说谎，那么自己就不要说谎；你不喜欢别人怠慢于你，那么也就不要怠慢别人……如果用佛家的话说，那就是种什么因，收什么果，你所有的行为，最后又都会回到你自己的身上。因为，你对别人的一切思想及行为，都会经由自我暗示的原则，毫无遗漏地记录在你的潜意识之中，那么，它们就会影响你的个性。正所谓"物以类聚，人以群分"，你的个性就相当于一个磁场，它会把同类人带到你的身旁，所以你也难免会有被身边人不公正对待的一天。

　　所以说，"己所不欲，勿施于人"不仅是对别人的一种善待，同时也是在善待我们自己。如果我们都能以推己及人的方式去处理问题，那么就能够创造一种重大局、尚信义、不计前嫌、不报私仇的良好社会氛围。坚持"己所不欲，勿施于人"，就能够减少一些不必要的摩擦与误会，就能够达到人际关系的真正和谐。反求诸己，推己及人，结果往往会皆大欢喜。

　　中国自古以来便是个崇尚道德的礼仪之邦，在我国历史上，曾出现过很多推己及人的先贤，譬如我们所熟知的"大禹治水"，就是"己所不欲，勿施于人"的典范。

　　当年，大禹刚刚与涂山氏完婚，正处于蜜月期，按常理说应该好好在家陪伴妻子。但是，大禹心里放不下生活在水深火热之

中的百姓，他一想到有人被洪水淹死，心里就像自己的亲人蒙难一样，苦痛万分。于是，他依依不舍地告别妻子，带着治水群众夜以继日地对洪水进行疏导。在整个治水过程中，大禹三过家门而不入，当他消除水患、凯旋归来之时，他的儿子启已经长成了少年。

到了战国时期，有个叫白圭的人与孟子谈起"大禹治水"一事，他觉得大禹的做法很愚蠢，并夸口道："如果让我治水，肯定要比禹做得好。我只要将河道打通，让洪水流到邻近的国家就可以了，这会省很大的人力、物力。"孟子很不客气地驳斥道："你说的话错了。大禹治水是把四海当作大水沟，顺着水性疏导，结果水都流进大海，与己有利，与人无害。而你的方法，把邻国当作大水沟，结果洪水都流到别国去，对自己有利，对别人却有害。这种治水的方法，怎么能与大禹的相比呢？何况，你这样做，别人也可以这样做，到时洪水将逆流回来，将造成更大的灾难！"

从"大禹治水"和"白圭谈治水"这两件事我们可以看出，白圭这个人虽然有几分能耐，但人品真的有待提高，他心里只想着自己，却不考虑别人，这种"己所不欲，反施于人"的错误思想，最终难免要害人害己。大禹就不一样了，他把洪水引入大海，虽然费时费力，但这样做不但能够消除本国人民的灾害，同时又不会伤害到邻国，这种推己及人的精神及行为才是为人处世的正道。

事实上，"推己及人"这种设身处地替人着想的道德情怀不仅仅在华夏大地，就是在全世界也有着广泛的影响。据说，孔子的那句"己所不欲，勿施于人"，就悬挂在国际红十字会的总部里。由此可见，营造良好和谐的人际关系，这是不同国界、不同种族、不同人群的共同愿望。

咱们中国有句俗语："人和万事兴"。但是在现实生活中，人与人之间又常常不可避免地发生矛盾，有时即使是血缘至亲也会怒目相向、拳脚相加。可事实上，这其中有许多矛盾是可以避免的，只要你我对别人多一些理解，多一些宽恕，自己无法接受的事情也不去强迫别人，这样，世界上就会和谐很多。毫无疑问，这"推己及人"的道德情怀，就是实现和谐社会的助推器。如果说我们炎黄子孙，不！如果说全世界人民都能时时处处推己及人，那么我们就一定能够看到全球的和谐、共荣。

自私的心灵必会饱尝它应得的苦痛

自私，这是一种接近本能的欲望，常被埋藏在心灵深处，可一旦"自我利益"与"他人利益"发生冲突，它就会蠢蠢欲动。

客观地说，人不可能不自私，因为人都有许多需求，譬如生理需求、物质需求、社会需求、精神需求，等等。需求，是人

类行为的原始推动力，人类的许多进步就是创造者为了满足需求而产生的。这些为满足需求而采取的行动都是为了"我"，从这个意义上说，人都是"自私"的。其实懂得为自己谋利，也是一种生存必需，也是自我保护的方式。可凡事都要有个度，超出了一定的度，自私心就会无限膨胀，在外就表现为一个人的自私品行。它会造成对他人利益的伤害，最终损坏自己的利益。

贾德森·韦布是位美国商人，他在纽约拥有一幢舒适的公寓，但每当夏季来临，他都要离开灰蒙蒙的都市前往乡下。他还有一套乡间小别墅，别墅里还放着一个装有猎枪、鱼竿、酒等物品的大壁橱。这壁橱他自己用，连他妻子都没有钥匙。贾德森·韦布珍爱自己的东西，别人碰一下他都会发火。

现在已经是秋天了，贾德森几分钟以后就要启程回到纽约。他看了看摆放红酒的壁橱，神情严肃。所有的酒都没有启封，只有一瓶除外。这瓶酒被放在最前面，里面的酒已不足半瓶，旁边还有一个红酒酒杯，看起来非常诱人。他刚拿起酒瓶，就听到妻子海伦在另一个房间说道："我都收拾好了，亚历克什么时候才能回来？"亚历克住在附近，兼做他们的管家。

"他在湖里拖小船呢，半小时以后就能回来！"

海伦提着手提箱走了进来，看到丈夫把两片药扔进半空的酒瓶中，药片很快便溶解了。

"你在干什么？"她问。

"咱们走后，去年冬天破门而入、偷去我红酒的人可能还会故技重施，可他这次会后悔的。"

海伦心惊胆战地问："你放的是什么药？会使人生病吗？"

"岂止是生病，还会要人的命呢！"他心满意足地答道，顺手将酒瓶放回原处，"嗯，小偷先生，你想喝多少就喝多少吧。"

海伦的脸一下子白了，她嚷着："贾德森，别这样，太可怕啦，这是谋杀呀！"

"如果我开枪打死一个私人民宅的小偷，法律会不会判我谋杀？"

她哀求道："别这样，法律不会判入户盗窃者死刑的，你没有权利这样做！"

"当涉及我的私有财产时，我会运用我的私人法律。"他现在看起来就像一条害怕别人夺走他的骨头的大狼狗。

"他们不过是偷了点儿酒而已，可能是些小男孩干的，也没搞什么破坏。"她又说。

"那又有什么关系？一个人偷了5美元与100美元毫无区别，贼就是贼。"

她做最后的努力："咱们得明年夏天才能来，我会一直担惊受怕的，万一……"

他哈哈大笑："我以往担着风险做生意，不是也赚了吗？咱们再冒一次险又能怎样？"

她明白再争下去也是徒劳，他在生意上也一直这样冷酷无情。于是，她借口向邻居告别，把这事告诉给了管家的妻子。

贾德森正要锁壁橱，忽然想起晾在花园的猎靴忘了装进行李。他伸手够靴子时，脚下一滑，头重重撞在了桌角上，随即昏

倒在地。

几分钟后，他感觉有双有力的臂膀在抱着他，他听出是亚历克的声音："没事啦，先生，你伤得不重，喝点这个会使你感觉好些。"一个红酒酒杯送到了他嘴边，他迷迷糊糊地喝了下去……

自私就像那掺有毒药的红酒，往往诱使人做出丧心病狂的举动，但丧心病狂过后，终究自食其果。利益人人都想要，人人也都不希望自己的利益被侵害，但我们不可将私心转为贪婪心，一切都以自己为中心。在现实生活中，因为人与人之间的利益、处境或喜好不尽相同，对同一件事可能有不同的感受，这就需要做出妥协，而心灵一旦被自私全部浸染，就很难向别人妥协，从而引发他人对你的不满，如此一来，没有了和谐的人际关系，你的人生道路只能越走越窄。

冷漠最可怕

近来，坊间流传着这样一个段子，说是年底了，楼道抢劫增多，提醒大家要注意安全，尤其是女同志。还特别说明：现在的人都比较冷漠，你要半夜在楼道里遇到坏人，不要喊："救命啊！

抢劫啊！"不一定有人出来帮你，你就喊："着火了！着火了！"整楼的人都能出来。

这个看似幽默的段子，其实留给人们的是无尽的唏嘘。其实"人情冷漠"这个词由来已久，否则我们不会看到"各人自扫门前雪，莫管他人瓦上霜""事不关己，高高挂起""多一事不如少一事"等一系列词汇。人情的淡漠让人感到可怕，感到孤独。

有位朋友，因为感觉单位的人文氛围不好，同事间缺少关心与合作，弥漫着虚伪与冷漠，屡屡想要辞职，但都被保守的父母压了下来。

那天，这位朋友出差，他的两个妹妹被邀到宿舍楼来看家。夜里 11 点多，两个女孩被一阵剧烈的打门声惊醒。姐姐惊骇地披衣下床，大声问："谁？"

没有人回答，打门声却未停。巨大的声响在寂静的冬夜里显得粗暴又放肆。

妹妹也下了床，在姐姐身后慌乱地张望。姐姐壮胆又喊了一句："不说话我要叫人了。"

打门声骤然停顿一下，接着便更加疯狂地响了起来。极度的恐惧让她们不敢通过猫眼去看看是什么"东西"在作怪。房内还没装电话，与外界联系的唯一方法只能靠她们的声音了。两姐妹冲到阳台上，用发抖的声音大喊："来人呀，有贼撬门，救命呀……"

传达室里出来几个人。然而，他们只是朝五楼的她们看了一眼，便回传达室继续玩牌去了。她们清楚地看到哥哥的同事中仍

有未熄灯者，但她们的呼救声就像军营熄灯号一样，令周围顿时陷入一片漆黑。罪恶的打门声掺和着两个女孩绝望的求救声，整整持续了半个钟头。没有听到任何回应，夜显得如此狰狞。

当一切都沉寂下来，两姐妹颤抖着抱成一团，彼此只听到对方"突突"的心跳。她们穿戴整齐地坐在床上，床头放着两把从厨房里找到的、发着寒光的菜刀。

第二天，这位朋友匆匆飞了回来，愤怒的他终于查出事情的真相：住在楼下的一个同事喝醉了酒，认错了房间，以为妻子不给他开门……一个月后，他辞了这份收入颇丰的"铁饭碗"，理由只有一个：他不能让自己处在一个漠视生命的群体中。

这回，保守的父母没有再拦他……

当下，我们的社会上一直在提倡营造"和谐"？可是，怎么和谐？和谐靠什么来营造？答案很简单，要靠"人和"。也就是说，社会中的每一个人，都要与人为善，以善良的一面去对待别人，才能提升整体的社会氛围，从而达到"老吾老以及人之老，幼吾幼以及人之幼"的社会境界。换言之，如果有人倒地而没有人去搀扶，那么这个社会不会真正和谐；如果公交车上为争一个座位而大打出手，那么这个社会远没有达到和谐；如果所有人的心里就只有自己，各自打扫门前雪，不管他人瓦上霜，那么人与人之间想"和谐"都难。

客观地说，就当前的人文关怀状态而言，我们去做好人、做善事，确实有些顾虑。毕竟，谁也不希望在救死扶伤之后，还要被当成肇事者，掏尽半生的积蓄；毕竟，谁也不希望在见义勇为以后，还要自己花钱给犯罪嫌疑人看病。这善事未免做得太窝囊，也太让人心寒。于是，出于自我保护的本能，我们变得漠然了，甚至是冷酷了，这不仅仅是我们，更是社会的一种悲哀。

这或许不是我们的错，但确实是我们让自己变得越发冷漠，我们让自己的人性中少了一些很重要的东西——关爱与信任。诚然，我们即使不做善事，但只要不为恶，也没有人会拿我们怎样，也没有人会认为我们就是坏人。但是，我们会不会觉得，自己的心中有一丝难过？尤其是当我们看到病痛中的老人蜷伏在地、看到可怜的孩子疼痛哭泣时，我们是不是真的可以无动于衷？相信，多数人的心都会隐隐作痛，因为我们的本性就是善良的！只不过，有些时候，我们被某些人为及非人为的因素所限制，变得有些懦弱，而要改变这种状态，需要的是整个社会的努力。

是的，这需要我们每一个人都去改变，将懦弱改为侠肝义胆，将冷漠改为古道热肠，如果社会中的每一个人都能如此，我们在做善事时就不会再有所顾虑。反之，倘若就这样冷漠下去，那么人与人之间最珍贵的情义将不复存在，整个社会将会陷入危机。毋庸置疑，我们都不想在这样的社会氛围中生活。

进一步说，推己及人，倘若我们希望别人对自己好一点，对我们的老人、孩子好一点，那么我们是不是应该率先做出个样子？事实上，我们一念之间种下一粒善因，便很有可能会收获意想不到的善果。做人，真的没有必要太过计较，与人为善，又何尝不是与己为善？当我们为人点亮一盏灯时，是不是同时也照亮了自己？当我们送人玫瑰之时，手上是不是还缠绕着那缕芬芳？

其实，我们怎样对待别人，别人就会怎样对待我们；我们怎样对待生活，生活也会以同样的态度来反馈我们。

所以，在平常的日子里，我们不要吝啬自己的善行。给马路乞讨者一块蛋糕；为迷路者指点迷津；用心倾听失落者的诉说……这些看似平常的举动，都可以渗透出朴素的爱，折射出人类灵魂深处的光芒，不但照亮了别人，也照亮了我们自己。

善良一直都在，别让你饥渴的心等待太久

我们居住的星球，犹如一条漂泊于惊涛骇浪中的航船，团结对于全人类的生存是至关重要的，为了人类未来的航船不至于在惊涛骇浪中颠覆，我们必须成为"地球之舟"合格的船员，应该做勇敢的、坚定的人，更要有一颗善良的心。

人们的一切活动无不与利益牵扯在一起，大至国与国之间的外交，小到身边的人际交往。许多不该发生的悲剧日复一日地重演，善良在遭到践踏，人与人之间的丑恶和悲剧确实让人愤怒、沮丧和无奈。

但我们也应该看到人性善良的一面，许多善良的人们，为了世界和平、公民的平等，不断地努力争取；在国内的贫困地区，

有些老师为了适龄儿童不再失学，用他们瘦弱的身躯，微薄的收入，支撑着一个村乃至几个村的教育；为了拯救病中的生命，许多不相识的人们奉献爱心等，这一切无不体现着人们的善良，人类的前景也因人们的善良充满着希望。

曾听到这样一个故事：

矿工下井刨煤时，一镐刨在哑炮上，哑炮响了，矿工当场被炸死。因为矿工是临时工，所以矿上只发放了一笔抚恤金，不再过问矿工的妻子和儿子以后的生活。

悲痛的妻子在丧夫之痛后，又面对着来自生活上的压力。她无一技之长，只好收拾行装准备回到那个闭塞的小山村去。这时矿工的队长找到了她，告诉她说矿工们都不爱吃矿上食堂做的早饭，建议她在矿上支个摊儿，卖点早点，一定可以维持生计，矿工妻子想了一想，便答应了。

于是一辆平板车往矿上一支，馄饨摊儿就开张了，8毛钱一碗的馄饨热气腾腾，开张第一天就一下来了12个人，随着时间的推移，吃馄饨的人越来越多，最多时可达二三十人，而最少时从未少过12个人。而且风霜雪雨，从不间断。

时间一长，许多矿工的妻子都发现自己的丈夫养成了一个雷打不动的习惯：每天下井之前必须吃上一碗馄饨，妻子们百般猜疑，甚至采用跟踪、质问等种种方法来探寻究竟，结果均一无所获，甚至有的妻子故意做好早饭给丈夫吃，却又发现丈夫仍然去馄饨摊吃上一碗馄饨。妻子们百思不得其解。

直到有一天，队长要去别处工作，才对妻子说："我走之后，

你一定要接替我每天去吃一碗馄饨，这是我们队 12 个兄弟的约定，自己的兄弟死了，他的老婆、孩子，咱们不帮谁帮。"

从此以后每天早晨，在众多吃馄饨的人群中，又多了一位女人的身影。来去匆匆的人流不断，在时光变幻之间，唯一不变的是不多不少的 12 个人。

时光飞逝之间，当年矿工的儿子已长大成人，而他饱经苦难的母亲已两鬓斑白，却依然用真诚的微笑面对着每一位前来吃馄饨的人，那是发自内心的真诚与善良。

更重要的是，前来光临馄饨摊儿的人，尽管年轻的代替了年老的，女人代替了男人，但从未少过 12 个人。穿透十几年岁月沧桑，依然闪亮的是 12 颗金灿灿的爱心。

有一种承诺可以抵达永远，而用爱心塑造的承诺，穿越尘世间最昂贵的时光，12 个人共同的秘密其实只有一个秘密：爱可以永恒。

事实上，善良还在我们身边，不要让丑陋事件的阴霾遮蔽了眼睛，吞噬了心灵里的一方净土。擦亮眼睛，让心灵回归，善良一直都在，别让你饥渴的内心等得太久，心灵需要善良的滋润。善良，尽在咫尺，那是一种光芒，引人入胜的光芒。

一个人假若没有善良，他的聪明、勇敢、坚强、无所畏惧等品质越是卓越，将来对社会构成的危险就越可怕。社会上有一些人，到处献爱心，固执地坚持自己善良的心，到处播撒善良的种子，一时被人认为是傻瓜。最后，人们才发觉这才是真正的大智慧，是一个无法用金钱来换的精神富豪。

全世界的黑暗，
也不能使一支小蜡烛失去光辉

第二次世界大战期间，一个多云黯然的午后。

英国小说家西雪尔·罗伯斯照例来到郊外的一个墓地，拜祭一位英年早逝的文友。就在他转身准备离去时，竟意外地看到文友的墓碑旁有一块新立的墓碑，上面写着这样一句话：

全世界的黑暗也不能使一支小蜡烛失去光辉！

炭火般的语言，立刻温暖了罗伯斯阴郁的心，令他既激动又振奋。罗伯斯迅速地从衣兜里掏出钢笔，记下了这句话。他以为这句话一定是引用了哪位名家的"名言"。为了尽早查到这句话的出处，他匆匆地赶回公寓，认真地逐册逐页翻阅书籍。可是，找了很久，也未找到这句"名言"的来源。

于是，第二天一早他又重新回到墓地。从墓地管理员那里得知：长眠于那个墓碑之下的是一名年仅 10 岁的少年，前几天，德军空袭伦敦时，不幸被炸弹炸死。少年的母亲怀着悲痛，为自己的儿子做了一个墓，并立下了那块墓碑。

这个感人的故事令罗伯斯久久不能释怀，一股澎湃的激情促

使罗伯斯提笔疾书。很快，一篇感人至深的文章从他的笔尖流淌出来。几天后，文章发表了。故事转瞬便流传开来，如希望的火种，鼓舞着人们为胜利而执着前行的脚步。

许多年后，一个偶然的机会，还在读大学的斯蒂芬也读到了这篇文章，并从中读出了那句话的隽永与深刻。斯蒂芬大学毕业后，放弃了几家企业的高薪聘请，毅然决定随一个科技普及小组去非洲扶贫。

"到那里，万一你觉得天气炎热受不了，怎么办？"

"非洲那里闹传染病，怎么办？"

"那里一旦发生战争，怎么办？"

面对亲友们那异口同声的劝说，斯蒂芬很坚定地回答："如果黑暗笼罩了我，我决不害怕，我会点亮自己的蜡烛！"

一周后，斯蒂芬怀揣着希望去了非洲。在那里，经过斯蒂芬和同伴们的不懈努力，用他们那点点烛光，终于照亮了一片天空，并因此被联合国授予"扶贫大使"的称号。

不要以为自己的力量薄弱，所做的事情对这个世界的帮助微乎其微，事实上，人之善恶不分轻重。一点恶是恶，只要做了，也能给人以损害；一点善是善，只要做了，就能给人以温暖。

有位朋友讲述过一段自己的经历：

一个雪天的早晨，他去图书馆借书，不经意间看见保洁员正在拖地。图书馆里人们进进出出，鞋底的雪在室内立刻融化，变成了黑乎乎的脚印。保洁员不得不一次次地擦拭，直到有位送水工推门而入。

送水工探头看了看又退出去，不一会儿他再次进来，不过此时脚上却多了两个塑料袋，生怕踩脏了地板。保洁员站在一旁，眼光里有一种温暖的感动。

送水工的举动看似不起眼，可在那个大雪纷飞的早晨，却足以在他人心中注入春天般的温暖。小善，于细微处润物无声，也许只是为身后的人挡住门，也许只是给陌生人的一个搀扶，也许只是走一步路将垃圾扔进垃圾箱……但倘若人人都能做到"勿以善小而不为"，就足以积小流，成江海。

其实环顾身边，我们可行之善事比比皆是，就看我们怎样去做。

其实，行善事并不一定非要有足够的能力以后才可以去做，力所能及的倾心相助才有着更为深刻的意义。在现实生活中，较之不吝施舍的富翁们，那些慷慨侠义的平凡人往往显得更受人瞩目，即使他们的给予是那么的"微不足道"。媒体上常有这样的报道：某某富豪为慈善事业一掷千金……于是人们争相歌颂，但或许在某个角落，一个乞丐正将自己乞讨得来的零钱赠给有需要的人。哪一个更令人感动？哪一个更令人尊重？善是不分大小的，只要我们心存善念，所行之事有益于社会，那就是善举。

节约水电，似乎不值一提，但确实可以使需要它的人享受更多资源，这就是行善；遵守公德，爱护公物，也许你并不觉得有什么，但我们生活的环境确实会因此变得更美好，这显然也是行善；公交车上让位于有需要的人，将跌倒的孩子扶起，些许小事，举手之劳……却都是实实在在的行善。

"勿以善小而不为，勿以恶小而为之！"如果我们大家都能将这句话置之心中，奉为处世箴言，则必然会增益良多，长进良多！

我们不仅仅需要善良的心，更需要善良的智慧

行善也要讲究方式方法，如果方式不当，非但无法达到行善的目的，甚至还会伤害到别人。我们行善，不应该只是要获得心灵的满足，而是要让援助者真正得到帮助。最好的善举，不仅仅需要善良的心，更需要善良的智慧。

某大学一直都保留着资助贫困生的传统，学校"行善"时，把贫困生聚集在一个房间，统一派发助学金。这样做虽然资助了贫困生，但也一定程度上伤害了他们的自尊。后来，学校发现这个事情的初衷虽好，但做法不妥，于是从 2012 年开始，他们改变了资助方式，直接把钱打到学生的卡里。某大学这样做，不仅帮助了贫困生，还维护了他们的自尊，让他们能更自信地完成学业。这种帮助，显示出了学校的人文情怀，这才是一种智慧的善行。

真正的善行，应该像初春细雨，润物无声，如果它是狂风暴

雨，那么即便是"润物"了，也会让对方受到摧残。

　　真正的慈善应该遵循以下三个原则：一是出于至诚；二是不求回报；三是不轻毁人家。

　　前面两条好理解，不轻毁人家是什么意思呢？

　　"轻"是轻视。因为自己处于"施主"的地位，心里难免有几分优越感，在语言神态上就可能表现出看轻对方之意。比如那个"不受嗟来之食"的典故中，有钱人搭一个棚子，好心给饥民施粥，这是件功德事，说话却不客气，看见来了个人，就说："喂，来吃吧！"谁知那个人有骨气，不受嗟来之食，掉头而去。你瞧，本来是想帮助人家，反倒得罪了人家，还说什么"好心无好报"，太不通人情世故了嘛！

　　"毁"是诋毁的意思，也就是说人家的坏话。这个坏话不是当场说的，而是背后说的。比如，给了别人一个帮助，生怕人家不晓得自己心眼好，马上去告诉人家："那小子现在都混成这样了，连给小孩交学费的钱都没有。我看他可怜，借给他500元。"这好像是真话，怎么说是诋毁呢？因为这是揭人隐私。人在社会上，是要讲信誉的，这是一种无形资产。你让人知道了他的窘状，他的信誉马上下降，以后办事人家不放心他。所以，你借给他500元，一句话就让他损失了无形资产5000元。你这500元他还要还你，他损失的5000元找谁去要？

　　假如受自己帮助的人发达了，自己却原地踏步，说的话就更难听了："那小子，当初如何如何，要不是我帮他一把，他哪有今天？"这就不只是诋毁，而是诬蔑了。他混到今天这一步，

99％肯定是靠他的才能和努力，你那点帮助哪够用？不自度者，连佛祖也认为度不了他，自己不努力还揭别人的短，不是诋毁是什么？

电影里经常出现这样的镜头：某女出身豪门，某个小人物跟她结了婚，从此步步青云。此女便以此为傲，气稍不顺，就说："你没有我，哪有今天？"最后，老公坚决要跟她离婚。这个女人就是犯了诋毁的毛病。不错，你是给了他一个机会，但运用这个机会的才能却是他自己的，没有才能有机会也白搭。他有这个才能，在别的地方也可能找到这种机会，怎么能说没有你就没有今天呢！

当然，在行善的三大原则中，最重要的还是至诚之心。没有这个至诚之心，那就是伪善，是很可恶的一种行为。譬如某人跳江救人后微博自夸，譬如某某人高调行善被疑作秀，譬如重阳节志愿者扎堆去敬老院，造成老人不堪负重，一天被洗7次脚，如此等等，这些所谓善行，已经超出了行善的初衷，已经被许多无法言语的因素掺杂进去，所以被援助者是不会真正得到帮助的。总之，没有任何私心杂念，完全是因为一念之善，这样的施与才是真正的慈善，无论你的施与多么微不足道，都该得善报。

3

一只脚踩扁了紫罗兰，
它却把香味留在那脚上，这就是宽容

有人尖刻地讽刺你，你马上尖酸地回敬他；有人嚣张地看不起你，你马上轻蔑地鄙视他；有人在你面前大肆炫耀，你马上加倍证明你更厉害；有人对你冷漠，你马上对他冷淡疏远……总之，只要有人伤害过你，你睚眦必报。那么快看，你讨厌的那些人，轻易就把你变成自己最讨厌的那种样子。这才是"敌人"对你最大的伤害。

体谅别人，心似莲花开

　　无论再怎么看起来完美的人身上，都有至少一两个缺点，有的缺点甚至在别人看来难以接受。明朝有位学者说过这样的话："人有不及者，不可以己能病之。"也就是说，看到别人的缺点、不如自己的地方，不能因为自己这一点比别人强，就自视过人甚至看不起对方。

　　每个人都会犯错，包括自己，可是我们往往能很快原谅自己，却无法原谅别人。这种原谅自己却不原谅别人的行为是软弱的表现，因为你只敢面对自己的过错，却无法面对别人的。每个人都有犯错的时候，有的错误还是无意间造成的，是无心的。如果换个角度想想，你是那个犯错的人，是不是希望你"得罪"的那个人能原谅你？如果对方原谅你，你的心情又是怎样的？对人要有宽容之心，得饶人处且饶人，也许你不经意的一个举动，就可以成就一个人。

　　上初中的时候，她只是个很平常的女生，成绩很一般，还常和一些社会上的孩子混在一起玩，那时的她不知道自己的明天在哪里。

　　初二期末考试之前，和她一起玩的一个小姐妹告诉她："我有了这次考试的卷子。"原来，这个小姐妹的弟弟所在的学校已

240

经考过了，而有人给她透露消息说，这所学校也用这套考题。

的确是那套卷子，而她早早就背得差不多了。如果按她的真实水平，她不可能及格，但那次她考了全班第一。不过，对于这个成绩，她的同学们并不买账，所有人都认定她作弊了，只有老师表扬并鼓励了她，说这是她认真复习的结果，只要保持下去，以后肯定还会考出好成绩。那一刻，她差点哭了，她没想到老师竟然如此信任她这个差生。与此同时，她也在同学的羡慕目光中体会到了一种前所未有的喜悦和兴奋，原来，学习好了可以如此自豪！

自此以后，为了掩盖自己作弊的真相，同时也是为了对得起老师的信任，她像发了疯一样学习，并且真的从中找到了学习的乐趣。初三的期中考试，她的成绩再次位列全班第一。中考时，她以优异的成绩考上重点高中；3 年以后，她以市状元的身份考进了清华大学；而几年之后，她留学去了英国剑桥大学。

十几年后，她回母校作报告，坦白了自己那次作弊的事实。当时已经快退休的班主任老师对她说了真相："孩子，我当时就知道你作弊了，因为以你当时的能力不可能考出那样的成绩。但我想，也许你能从此发愤呢，所以我愿意把鼓励和信任送给你。"

听了老师的话，她流出了泪水。

在人生最关键的时刻，那个善良的老师没有把她当"贼"一样揪出来，反而给了她鼓励，于是，她的人生从此与众不同。

唯宽可以容人，唯厚可以载物；有容乃大，不容无物。一份宽容的心，几句鼓励的话，也许就能改变一个人的一生。

村里有一个小混混，好吃懒做不算，还有偷偷摸摸的习惯，

所有村民都很讨厌他。另外，由于他信用不好，借了钱总是不还，所以村里人没人肯再借钱给他，连周围的亲戚都躲着他。

这一次，他跑到城里的一个远房亲戚家借钱，那是他第一次向她张口，他以为她还不知道自己的事情。钱很顺利地就拿到了，但在要走出门口的那一刻，她叫住了他："你妈妈给我打电话了，让我不要把钱借给你，但我相信你不是那样的人，因为你小的时候是个很好的孩子，或许他们对你有所误解。"

听了这话，他怔了一怔，点了点头，没有说话，关上门走了。他原本是要拿这钱去赌博的，赢了就花天酒地，输了就再想办法去借。但这句话触动了他的心，他没有去赌博，打点行囊离开了村子，去了北京。

两个月后，她收到了他从北京寄来的 1000 块钱。3 年后，他开着私家车带着娇妻从北京回来，把从前的欠款全部还清了，给父母盖了一所宽敞明亮的大房子，又给村里的小学捐助了一些体育设施。当然，他并没有忘记去拜访她。

当一个小孩学习走路时，他总是会不断摔跤，而做父母的总是会鼓励他再来一次。事实上，他自己也会很勇敢地爬起来继续学习走路，哪怕紧接着又是一个跟头。可是当孩子长大、步入社会以后，身边的人就会变得严苛起来，往往不会再给他再来一次的机会，他自己也会失去重新来过的勇气，结果就是错过一次就无法翻身。

其实，我们没有必要抓着别人的"小辫子"不放，如果我们能宽容一点，给他再来一次的机会，鼓励他，而不是打击他，那么你也许真的可以看到奇迹。

有一种高贵是不声不响的

一个长辫子姑娘刚挤上公共汽车，就觉得自己的辫子被后边的人拽住了，她使劲拉了拉，拉不动，于是猛地转身，给了后边那人一记响亮的耳光！

那是个穿着军装的战士！他没吭声，只是红着脸笑笑，于是姑娘更加生气，骂了句"流氓"，挥手又是一个耳光，战士依然没生气，只是脸更红了，随即指了指车门——原来，姑娘的长辫子是被车门夹住的。姑娘的脸突然间红了，可一时语塞，偏偏一句话也说不出来。战士没说什么，只是看着她，微微地点了点头，表示谅解。而且，可能是为了不让姑娘难堪，在下一站战士就下车了。姑娘看着战士下了车，眼泪不自主地流了下来。她突然快步来到车门前，在车门快要关闭的那刻冲下了车。

后来，这个姑娘成了一名军嫂。

有一种高贵是不声不响的！也正因为如此，它才格外惊心动魄！佛陀常常告诫弟子们，"比丘常带三分呆"，是要弟子们做大智若愚之状，凡事不要太计较，即使遭到了别人的无礼也要宽恕他们，因为宽恕别人也是升华自己。

20 世纪 50 年代，台湾地区的许多商人知道于右任是著名的书

法家，纷纷在自己的公司、店铺、饭店门口挂起了署名于右任题写的招牌，以便招徕顾客。其中确为于右任所题的极少，赝品居多。

一天，一学生匆匆地来见于右任，说："老师，我今天中午去一家平时常去的小饭馆吃饭，想不到他们居然也挂起了以您的名义题写的招牌。明目张胆地欺世盗名，您老说可气不可气！"

正在练习书法的于右任"哦"了一声，放下毛笔，然后缓缓地问："他们这块招牌上的字写得好不好？"

"好我也就不说了。"学生叫苦道，"也不知他们在哪儿找了个新手写的，字写得歪歪斜斜，难看死了。下面还签上老师您的大名，连我看着都觉得害臊！"

"这可不行！"于右任沉思片刻，说道，"你说你平时经常去那家馆子吃饭，他们卖的东西有啥特点，铺子叫个啥名？"

"这是家面食馆，店面虽小，饭菜都还做得干净。尤其是羊肉泡馍做得特地道，铺名就叫'羊肉泡馍馆'"。

"呃……"于右任沉默不语。

"我去把它摘下来！"学生说完，转身要走，却被于右任喊住了。

"慢着，你等等。"

于右任顺手从书案旁拿过一张宣纸，拎起毛笔，"刷刷"在纸上写下了些什么，然后交给恭候在一旁的学生，说道："你去把这个东西交给店老板。"

学生接过宣纸一看，不由得呆住。只见纸上写着笔墨酣畅、龙飞凤舞的几个大字——"羊肉泡馍馆"，落款处则是"于右任题"几个小字，并盖了一方私章。整个书法，可称漂亮之至。

"老师，您这……"学生大惑不解。

"哈哈。"于右任抚着长髯笑道，"你刚才不是说，那块假招牌的字实在是惨不忍睹吗？这冒名顶替固然可恨，但毕竟说明他还是瞧得上我于某人的字，只是不知真假的人看见那假招牌，还以为我于大胡子写的字真的那样差，那我不是就亏了吗？我不能砸了自己的招牌，坏了自己的名！所以，帮忙帮到底，还是麻烦老弟跑一趟，把那块假的给换下来，如何？"

"啊，我明白了。学生遵命。"转怒为喜的学生拿着于右任的题字匆匆去了。就这样，这家羊肉泡馍馆的店主竟以一块假招牌换来了当代大书法家于右任的墨宝，喜出望外之余，未免有惭愧之意。

宽恕，亦是一种净化。当我们手捧鲜花送给他人时，首先闻到花香的是我们自己；而当我们抓起泥巴想抛向他人时，首先弄脏的就是我们自己的手。

宽恕别人并不困难，但也不容易，关键是看我们的心灵是如何选择的。

如果有人伤害了你，请一如既往地善良美好

有一天，玛莎老师叫班上每个孩子都带个大袋子到学校，她还叫大家到超市买来几袋马铃薯。第二天上课的时候，玛莎老师叫大家给自己不愿意原谅的人选一个马铃薯，将这人的名字以及

犯错的日期都写在上面，再把马铃薯丢到自己的袋子里，这是孩子们这一周的作业。

第一天，孩子们还觉得蛮好玩的。快放学的时候，约翰的袋子里已经有了 8 个马铃薯了——妮萨说我新理的头发很丑，文斯用橡皮打了我的头，汉姆在丽莎面前说我的坏话……每件事都让约翰耿耿于怀，发誓绝不原谅这些人。

下课时，玛莎老师告诉孩子们，在这一周里，不论到哪儿都要带着这个袋子。孩子们扛着袋子到学校、回家，甚至出去玩也不例外！一周以后，那袋马铃薯就变成了相当沉重的负荷，约翰已经装了差不多 50 个马铃薯在里面了，真快把他压垮了。

新一周的第一堂课，玛莎老师问孩子们："现在，你们知道自己不肯原谅别人的结果了吗？会有重量压在肩上，你不肯原谅的人愈多，这个担子就愈重，对这个重担要怎么办呢？"玛莎老师故意停了一会儿，让孩子们想一想，然后继续说道："放下来就行了。"

任何人都会与人发生过摩擦和矛盾，任谁在与人相处的过程中都不可能不受一点委屈，聪明人的聪明之处就在于，他们绝不会将仇恨深刻于心，让它无时无刻地折磨自己。因为他们知道，唯有放下来，自己心里的负担才不会过重，有了"相逢一笑泯恩仇"的豁达与大度，才能让自己被众人所接纳、所尊敬。

在你完全放下嗔恨的一刹那，你眼中的世界就变得和平了；当每一个人都放下嗔恨的时候，整个世界就变得和平了。所谓"我有功于人不可念，而过则不可不念；人有恩于我不可忘，而怨则不可不忘。"感恩是华夏民族传承了几千年的传统美德，从"滴水之恩，涌泉相报"到"衔环结草，以谢恩泽"，以及我们常言的"乌鸦反哺，羔羊跪乳"，"感恩"在国人心中有着深厚的文化底蕴，滋养了一代又一代人。

学会感恩，这是做人的基本。感恩不是单纯的知恩图报，而是要求我们摒弃狭隘，追求健全的人格。做人，应常怀感恩之心，记住别人对我们的恩惠，洗去我们对别人的怨恨，唯有如此，我们才能在人生的旅程中自由翱翔。对人对事，我们若能将恩惠刻在石头上，将仇恨写在沙滩上，那么，我们的人生将会异常地富足，异常地饱满。

一个有修养的人不同于常人之处，首先在于他的恩怨观是以恕人克己为前提的。一般人总是容易记仇而不善于怀恩，因此有"忘恩负义""恩将仇报""过河拆桥"等说法，古之君子却有"以德报怨""涌泉相报""一饭之恩终身不忘"的传统。为人不可斤斤计较，少想别人的不足、别人待我的不是；别人于我有恩应时刻记取于心。人人都这样想，人际就和谐了，世界就太平了。用现在的话讲，多看别人的长处，多记别人的好处，矛盾就化解了。

多站在对方的角度看问题，
方能使得夫妻关系甜如蜜

　　恋爱中培养出的感情，总是会被现实的生活消磨得面目全非，这是因为恋爱与现实生活中的具体、琐碎是没法联系到一起的。而婚姻则相反，它很少和浪漫联系在一起，倒是和穿衣、吃饭、住房、交通等如影随形。如果我们不能从生活中寻找情趣，那爱情就真的很难天长地久。

　　想象一下你现在的生活：

　　你成家了，早晨起来，得准备两个人的早餐；如果有了孩子，还得照料孩子的吃穿，然后送孩子上幼儿园或打发他去上学；你还得惦记着晚餐吃什么；家里时常会缺这缺那，你得去张罗；需要用钱时，碰到手头拮据，你得四方筹措……居家过日子，油盐酱醋、吃穿住行，缺什么都是不行的。有时候，这些事真是令人很烦恼的，甚至使你心灰意懒，无精打采。这个时候，你是不是已经把婚姻的情趣抛到了九霄云外？

　　也许你也见过这样的夫妻，看起来各方面都很适合，可是就因为生活上的一些小习惯而不断发生冲突，有时甚至只因为牙膏该从哪儿挤这样的小事，却有可能毁掉一桩婚姻。

　　烦琐的家事、日益增长的家庭开销，很大程度上会影响夫妻双方的心情。婚前的种种憧憬与婚后的现实生活相去甚远，爱情在承受着从浪漫到现实的考验，久而久之，必然会令夫妻双方感到疲惫。这是不争的事实。

　　一段婚姻的破裂，对于女人而言是难以抹去的痛苦，对于男人而言则很可能是一种耻辱。如果你不能让曾经深爱的他（她）幸福地度过这一生，你无疑就是个失败者。其实保持婚姻的完整并不难，只要多一些宽容，多一些理解，你就可以用宽广的胸怀维持婚姻的美满。

　　有一位朋友，在婚姻经历了一番波折以后，通过一只碗找到了夫妻相处的真谛，这很值得我们借鉴。

　　这位朋友 25 岁之前根本不知道洗碗是什么滋味，他与碗的交流是在结婚以后。

　　他不喜欢洗碗，他的爱人当然也不喜欢。所以往往是吃过饭以后，一堆油腻的盘碗摞在水池中。为了使生活能够继续下去，他们想了很多洗碗的方式：比如他做饭，她洗碗，下一顿换过来；再比如用剪子石头布的游戏来确定谁的运气更好。寒冷的冬天，输的那个人只好一边唱着"北风那个吹"，一边把碗从水中捞出来、洗干净。

　　整日围着锅碗瓢盆勺筷叉、柴米油盐酱醋茶过日子，忽然就有了种不好玩的感觉。慢慢地，两人有了争吵，有了对对方的不满。此时他再看几年前那个小鸟依人的女子，如今更多的则是满眼的幽怨，那双青葱似的手不知什么时候也变得粗糙不堪了。终于有一天，在互不相让的争执中，他挥手砸碎了手中的饭碗，碎

片四溅，接着，她呜呜地哭了起来。

也许他并不知道，他所摔碎的不仅是一只碗，更是两人亲密无间的感情。从这以后，二人之间忽然变得生疏了很多，连说话都是小心翼翼的。

后来因为工作繁忙，他很少在家吃饭，她也图省事，往往是在楼下小餐饮店里随便吃一些。家里的厨房忽然就冷清起来，那些碗也不再盛满美食，它们被遗弃了。没有了碗的碰撞，他们之间说话的时间也越来越少，很多时候，都各自待在网络上和别人说话。

日子就这样一天天过着，突然有一天，他发现妻子像一朵行将枯萎的花一样光泽黯然，眼中更多了几丝疲倦。到医院检查，医生说是极度贫血，需要慢慢补养才行。

看着妻子暗黄的小脸，他的心里陡然生出许多不忍，于是买来红枣、莲子、薏米，照着食谱给她熬粥喝。她执意和他共用一只碗，一人一口地喝粥……在他的呵护下，她的脸开始有了红晕，他们也仿佛回到了初恋的时光。

以后的日子，他和妻子争着洗碗，一只只碗在手中沐浴而出时，他们都能感觉到温暖在心底悄悄涌动，感觉到那种平淡而又深切的爱。此时，阳光不经意地照进厨房，他忽然发现，日子就在这碗里面，他们的生活和爱也在这碗里面。在尘世里洗刷每一只碗，其实是在清洗蒙在爱情上的灰尘。

他忍不住把碗揽在了胸前，想起洗碗的母亲，想起共用一只碗的爱人，心中有阵阵暖流流淌。此时的他已明白，爱的表达方式有很多种，有时候，真的只是抢着洗一只碗。

婚姻是这样一种奇怪的事物，它使得两个本来陌生的人凝聚在一起，彼此磨合着原本独具个性的棱角，可是又总会被彼此的棱角给刺伤。也许，新婚的日子是烂漫甜蜜的，如同早春的蓓蕾，总有初绽的惊喜。但岁月就像一把手术刀，一点点剥裂了光鲜的外衣，露出了真实的疤痕，剥掉了往日的温存与激情，带来了争执、冷战与猜忌。

也许当初，我们看多了艺术作品中童话般的爱情，对爱情给予了过高期望，然而婚姻的实质就是柴米油盐酱醋茶，就是踏踏实实过日子，这一点，希望新婚中的朋友能够尽快懂得。当我们步入婚姻的殿堂以后，就应该学会理解与包容，多站在对方的角度看问题，方能使得夫妻关系黏如蜜糖、坚如磐石。

但愿天下有情人都能把心贴在一起，紧些再紧些，多给对方一些理解和支持，共同面对人生中的风风雨雨，让婚姻多一些甜美，少一些遗憾。

婚姻不容易，且行且珍惜

出轨的爱人，我们到底还要不要？

这是一个沉重的话题，也是一个很难找到统一答案的话题。不同的家庭会根据自己不同的情况做出不同的对待。

那么设想一下，如果这样的问题很不幸地落到自己头上，我

们该如何选择？虽然我们并不希望这样的事情发生在自己身上。

其实不管怎样，首先是要保持理智，不要闹得鸡犬不宁，孩子也受牵连。而如果情况允许，如果还爱着他，是不是可以再给对方一个机会？就像那句话说的："婚姻不容易，且行且珍惜。"

婚后两年的一天，王薇从上海匆匆回家已经是晚上11点多了，门从里面扣住了。用力敲，没声音，再大声叫，好久丈夫才伸出了脑袋，一副刚睡醒的样子。

王薇一声不吭地在屋子里转了一圈，突然，她猛地拉开了大衣橱，只见一个衣着凌乱的姑娘，惊慌失措地龟缩在那里。

"穿好衣服，到客厅来。"王薇很平静地说。

丈夫跟着王薇来到客厅，刚想开口，王薇就截住他："你不用解释，有你说话的时候，请你先回避一下。"王薇用犀利的目光看着站在面前的姑娘："你把纽扣系错了。"

姑娘低头看看自己的衣服，果然把第二只纽扣扣到了第三个位置上了。她的脸更红了。

王薇接着问："你叫什么名字？今年多大？"她好像在聊家常。

姑娘遇到一股逼迫力，乖得像面对老师提问一样做了回答。

"你知道你这样的行为是错的吗？当然了，这不能全怪你。但在你这样的年纪，要经得起诱惑啊！你要学会找到属于自己的爱，一个全心全意爱你的男人……"

半个小时的谈话都是在细声细气中进行的，这是一场心灵与心灵的交战，它没有白热化的场面，然而却有令人为之撼动的力量。

"大姐，我错了，我以后一定听你的。"此时姑娘已热泪盈眶了。

王薇把姑娘送出了门，还为她理了理凌乱的头发。

事后，王薇原谅了丈夫。她不是妥协，而是经过一番理智地衡量后的决定。王薇认为，自己还爱丈夫，丈夫也还爱她，他们的婚姻还没有到非分手不可的地步。

事情已经发生了，再生气也没有用，最重要的是要冷静下来面对现实。你们已经结婚数载，爱人的偷情可能只是一时冲动，如果他（她）确实有悔过诚意的话，那么还是原谅他（她）这一回吧！下不为例！表面看来，你好像受了不少委屈，吃了很大亏，事实上，你也有不小的收获哦！比如他从此以后，一定会对你又敬又爱，这辈子轻易不敢再动"外心"，所以真正的胜利者其实是你。

某地有一位老先生和妻子相爱 40 载，恩爱逾恒，令人羡慕不已，但其实他们也并不是一路顺畅地走过来的。年轻时，老先生去外地搞调研，结果和宾馆的一个女服务员发生了关系。后来这件事情被妻子知道了，她哭了一夜，然后提出离婚。他吓坏了，苦苦哀求妻子原谅自己，他爱她啊！妻子想了好久，她觉得两人从相知到相爱，最后走到一起实在很不容易，如果因为这件事分手，两人一定都会遗憾终身的。于是她大度地原谅了他，两人又恢复了昔日的甜蜜。从此以后先生的事业越做越大，妻子变得越来越老，但这位先生再也没有背叛过他的妻子。

有时候，给对方一次机会，也是在给自己一次机会。人非圣贤，孰能无过？如果还爱他，不妨放他一马，相信他一定会用更多更忠诚的爱来回报你。

最美好的爱情，是成全

缘分这东西，日子久了也会生锈，使人遗忘了当初的信誓旦旦。缘分来的时候很自然，去的时候也很无情，当爱情不再灿烂，留给人的多是疲惫与憔悴。

往日的卿卿我我变成今日的相对无言，多少人为此患得患失。然而尘缘如梦，几番起伏总不平，有些事似乎早已注定。天下无不散之筵席，当情缘已尽时，究竟孰对孰错谁又说得清、道得明？缘分就是这样，亦如花要凋谢、叶要飘零，你纵有千般不舍，又如何阻挡？情到断时自然断，人到无情必然走，你又如何挽留？世间万物，一切随缘，缘来则聚，缘尽则散。人生在世，我们应懂得随缘而安，缘来不拒它，缘去不哀叹。在拥有的时候，就用心去珍惜，在失去的时候，也不要强求，因为情缘已尽注定难以挽留，强求亦不会得到满意的结果。既如此，为何不在最后时刻给自己留下尊严？一如杏林子所说："曾经相遇，曾经相拥，曾经在彼此生命中光照，即使无缘也无憾。将故事珍藏在记忆的深处，让伤痛慢慢地愈合。"

文燕是一位医生，在北京一家很有名的医院工作。丈夫陆野是一家工程公司的老总，每天忙得不可开交，马不停蹄地在各地跑来跑去。两人见面的时间很少，只是偶尔在周末才聚一聚。

　　一次，文燕和陆野偶然间在医院的急诊室相遇。陆野向妻子解释说："我带一个女孩来看病，她是我单位的员工，由于工作劳累过度晕倒了。"文燕看了那女孩一眼，女孩看上去比陆野小很多，脸上带着点野性。文燕心里有一种说不出来的感受。

　　她便偷偷地到丈夫工作的公司去打探。大家都说从来没有见过像她所描述的这样一个女孩。

　　文燕听后，立即像失去重心一样。回来后，她给丈夫打了电话，说她已出差到了外地，要一个月以后才回去。

　　接着她便到丈夫的公司附近蹲守。

　　蹲守的结果证明，那女孩已经与陆野同居了很久。怎么办？是离婚还是抗争？文燕陷入了极度痛苦的深渊。

　　那个晚上，她坐公共汽车回家。

　　车开得很慢，司机好像很懂文燕的心情。车上只有三个乘客，另外两个乘客在给亲人打电话，脸上洋溢着幸福的表情。文燕痛苦地闭上眼睛，回想起摊放在桌上半年多的《离婚协议书》。

　　突然有人叫她，是那位司机在跟她说话——"妹妹，你有心事？"

　　文燕没有回答。

　　"我一猜您就是为了婚姻，"文燕的脸色微微地有点冷暗，可司机却当没看见一样继续说，"我也离过婚。"

　　文燕眼睛微微一亮，便竖起耳朵细心倾听起来。

　　"我和妻子离婚了。"文燕的心不由一紧。"她上个月已经同那个男人结婚了，他比她大 4 岁，做翻译工作，结过婚，但没孩子。听说，他前妻是得病死的。他性格挺好的，什么事都顺着我前妻，不像我性子又急又犟，他们在一块儿挺合适的。"

文燕觉得这个司机很不寻常。

"妹妹，现在社会开放了，离婚不是什么丢人的事，你不要觉得在亲友当中抬不起头。我可以告诉你，我的妻子不是那种胡来的人，她和那个男人在大学里相爱四年，后来那个男人去了国外，两人才分手。那个男人在国外结了婚，后来妻子死了，他一个人在国外很孤独，就回来了。他们在同学聚会上见了面，这一见就分不开了。我开始也恨，恨得咬牙切齿。可看到他们战战兢兢、如履薄冰地爱着，我心软了，就放他们一条生路……"

文燕的眼睛有些湿润了，她想起丈夫写给她的那封信：

我没有想到会在茫茫人海中与她邂逅。在你面前，我不想隐瞒她是一个比我小很多的女人。我是在一万米的高空遇见她的，当时她刚刚失恋。我们谈了几句话之后，她就坦诚地告诉我她是个不好的女孩，后来我知道她和我生活在同一座城市，我不知为什么，从那一天起，心里就放不下她。后来我们频频约会，后来我决定爱她，照顾她一生。因为她，我甚至想放弃一切……

车到家了，文燕慢慢地走上楼。第二天她很平静地在离婚协议上签了字。

在情感的世界中，我们可以失去爱情，但一定要留下风度。

当爱走了，请放手。无论它是发生在自己身上还是对方身上，放手都是唯一的出路。因为无法放弃曾经有过的美好的感觉，无法放下曾经拥有的执着，就会让更多不美好的感觉压在自己的肩上、心头，让自己和对方一起痛苦纠结。那么，究竟是否惩罚了对方？这也许还是未知数，但是自己绝对是被惩罚最深的一个。因为，你剥夺了自己重新开始享受快乐和幸福的可能。

4

放下你的脾气，
否则，你一定追悔莫及

　　牙齿是强硬的，舌头是温柔的，到最后，牙齿掉光了，舌头却不会掉，所以要温柔，人生才能长久，太强硬反而吃亏。心地温柔了，是人生的大悟。

发怒1分钟，便失去了60秒的幸福

人类的美不仅仅体现在外表，还体现在我们的修养上。如果你始终无法克制自己的坏脾气，它很有可能在你人生最关键的时候给你带来毁灭性的影响。

坏脾气总是会把我们的生活搞得一团糟，这不单单对你的心情会有影响，还有可能会影响到你与朋友之间的友谊，与家人之间的和睦，甚至改变你一生的走向。怎么说我们也已经是个成年人了，我们不能再像个孩子一样任性撒泼，我们应认识到，被情绪所左右会给我们的人生带来多么严重的后果。

看看下面这个故事，你应该幡然醒悟。

一只骆驼在沙漠里跋涉着。正午的太阳像一个大火球晒得它又饿又渴，焦躁万分，一肚子火不知道该往哪儿发才好，正在这时，一块玻璃瓶的碎片把它的脚掌硌了一下，疲累的骆驼顿时火冒三丈，抬起脚狠狠地将碎片踢了出去，却不小心将脚掌划开了一道深深的口子，鲜红的血液顿时染红了沙粒，生气的骆驼一瘸一拐地走着，一路的血迹引来了空中的秃鹫，它们叫着在骆驼上方的天空中盘旋着。骆驼心里一惊，不顾伤势狂奔起来，在沙漠上留下一条长长的痕。跑到沙漠边缘时，浓重的血腥味引来了附近沙漠里的狼，疲惫再加上流血过多，无力的骆驼只得像只无头苍蝇般东奔西突，仓皇中跑到了一处食人蚁的巢穴附近，鲜血的腥味儿惹得食人蚁倾巢而出，黑压压地向骆驼扑过去。一眨眼，就像一块黑色的毯子一样把骆驼裹了个严严实实。不一会儿，可怜的骆驼就鲜血淋漓地倒在地上了。临死前，骆驼追悔莫及地哀叹："我为什么要跟一块小小的碎玻璃生气呢？"

有的时候我们就跟这只骆驼一样，不能控制自己的情绪，于是成了自己情绪的奴隶或喜怒无常心情的牺牲品。事实上，当我们履行自己的职责或执行自己的人生计划时，最怕的就是受制于自己的情绪。其实，一个心态受到良好训练的人，完全能迅速地驱散他心头的阴云。但是，困扰我们大多数人的却是当出现一束可以驱散我们心头阴云的心灵之光时，我们却紧闭着心灵的大门，试图通过全力围剿的方式驱除心头的情绪阴云，而非打开心灵的大门让快乐、希望、阳光照射进来，这真是大错特错。

我们应该是情绪的主人，而不是情绪的奴隶。

著名专栏作家哈理斯和朋友在报摊上买报纸时，那朋友礼貌地对报贩说了声"谢谢"，但报贩却冷口冷脸，没发一言。"这家伙态度很差，是不是？"他们继续前行时，哈理斯问道。"他每天晚上都是这样的。"朋友说。"那么你为什么还是对他那么客气？"哈理斯问他。朋友答道："为什么我要让他决定我的行为？"

一个成熟的人握住自己快乐的钥匙，他不期待别人使他快乐，反而能将快乐与幸福带给别人。每个人心中都有把"快乐的

钥匙"，但乱发脾气的人却常在不知不觉中把它交给别人掌管。我们常常为了一些鸡毛蒜皮的事情或者无伤大雅的事情而大动肝火，当我们对着他人充满愤怒咆哮着的时候，我们的情绪就在被对方牵引着滑向失控的深渊。

想想我们的坏脾气给自己的生活带来了多么大的麻烦吧！当你用一张死板的面孔面对自己的同事和下属的时候，当你用不耐烦的口气挂断父母的电话的时候，当你回到家对自己的家人大吵大嚷的时候，他们都将会以怎样的心情承担坏脾气带来的不良氛围呢？如果长此以往下去，你一定会变成一个不受欢迎，被别人敬而远之的人。因为别人也是人，别人也同样有自己的脾气，没有人能够永远地去包容你的坏脾气，更不会有人能长时间地去容忍因为你的坏脾气给自己带来的麻烦。

所以，我们应该努力管理好自己的情绪，以豁达开朗、积极乐观的健康心态去工作、生活，而不是让急躁、消极等不良情绪影响到我们自己和身边那些最爱的人。我们不要让自己的情绪影响自己的心情，更不要让自己的坏脾气影响到别人的心情。毫无疑问，我们应该成为自己情绪的主人，这样才能营造一个健康快乐的人生。

失去理智的冲动，会造成长久的悔恨

郭冬临老师在春晚小品中曾说过一句颇为精辟的话——"冲动是魔鬼"，一时间成为大家津津乐道的口头禅。的确，冲动是魔鬼，人在"冲动"的驾驭下，往往会做出一些匪夷所思的举动，甚至不惜触犯法律、道德的底线，为自己的人生抹下一道重重的阴影。

其实，人活于世，俗事本多，我们真的没有必要再去为自己徒增烦恼。遇事，若是能冷静下来，以静制动，三思而后行，绝对会为你省去很多不必要的麻烦。否则，你多半会追悔莫及。

有一个发生在美国阿拉斯加的故事，有一对年轻的夫妇，妻子因为难产死去了，不过孩子倒是活了下来。丈夫一个人既工作又照顾孩子，有些忙不过来，可是找不到合适的保姆照看孩子，于是他训练了一只狗，那只狗既听话又聪明，可以帮他照看孩子。

有一天，丈夫要外出，像往日一样让狗照看孩子。他去了离家很远的地方，所以当晚没有赶回家。第二天一大早他急急

261

忙忙往家里赶，狗听到主人的声音摇着尾巴出来迎接，可是他却发现狗满口是血，打开房门一看，屋里也到处是血，孩子居然不在床上……他全身的血一下子都涌到头上，心想一定是狗的兽性大发，把孩子吃掉了，盛怒之下，他拿起刀来把狗杀死了。

就在他悲愤交加的时候，突然听到孩子的声音，只见孩子从床下爬了出来，丈夫感到很奇怪。他再仔细看了看狗的尸体，这才发现狗后腿上有一大块肉没有了，而屋门的后面还有一只狼的尸体。原来，是狗救了小主人，却被主人误杀了。

我们也常常如此对待我们的同类，遇事先不分青红皂白地大发雷霆，可是当我们了解了事情的真相时，才发现自己的行为并不适当。在生活中，我们为做好一件事往往需要进行周密的安排，却因为一件突如其来的事，让我们乱了阵脚、昏了头脑，作出错误的判断，乃至功亏一篑。

在美丽的小镇上，有两个关系很好的年轻人，一个叫刘文，一个叫陈冲。镇上还有个美丽的女孩子，叫雪清，是公认的镇花。雪清刚刚过了20岁，前来提亲的人们就快把她家的门槛踏破了。

因为女儿长得漂亮，雪清的父母要求自然高一点，所以，她的亲事一直没有确定下来。

陈冲与刘文常常一起在小饭馆里吃饭，这段时间，刘文总觉得陈冲有心事。他饭量小了，还时不时发呆，看见落花也叹息，看见枯枝也惆怅。刘文觉得很奇怪，就关心地提出了自己心中的疑问。

陈冲叹了一口气，向好友道出了自己的心事。原来，他喜欢雪清已经很久了，最近雪清家里络绎不绝的提亲阵容，让他忧思不断，而在强大的挑战面前，他竟决定把这份感情深埋起来。由于受到感情的煎熬，原本身康体健的陈冲，已经"为伊消得人憔悴"了。

听了陈冲的话，热心的刘文决定助朋友一臂之力。他和陈冲商议，由他出面说媒，成与不成好歹也要试上一试，这样心里才不会有太大的遗憾。

刘文在镇上最有档次的饭店订了一个包间，把雪清的父母请了过来。他很直接地说明了来意，就是为自己的好朋友陈冲做媒。

雪清的父母一愣，陈冲这个人，两位老人家还是知道的，毕竟都是镇上人，多少会了解些根底。他们也知道陈冲人品不错，但是选女婿可是大事，当然越完美越好。而且近来上门提亲的人太多了，老两口已经挑得眼花了，一时还拿不定主意。

看到两位老人家有些犹豫，刘文便开始向两位老人家介绍陈冲的优点，他把陈冲从头到脚地夸了一遍，然后又从脚到头回夸一遍，直把两位老人听得心花怒放。

此时，陈冲正赶向饭店，因为刘文托一个小孩给他带了口信，说："你的终身大事已有突破，速来饭店。"同一时间，在饭店里，一段本不可能的姻缘正在发生着戏剧性的变化——在刘文强大的言语攻势下，雪清的父母正在接受他的观点：一个男人可

以没有钱，长得胖一点也没关系，这些都不重要，最重要的是什么呢？重要的是不能没有才华，不能没有一颗善良博爱的心，不能没有永不放弃的精神。

刘文望着两位老人越来越有笑模样的脸，心里也很是舒坦，自己这是成全了朋友一生的幸福啊。

此时，陈冲已经上了饭店的楼梯，一段美好的姻缘眼看就要结成。也是此时，雪清的母亲忽然问道："刘文啊，听你这么说，这个陈冲简直就是我们女婿的上上之选了。不过你说的都是他的好话，难道他就一点缺点也没有吗？"

刘文心想，要是跟人家说陈冲一个缺点也没有，这未免让人觉得夸张了，或许连之前的话都会觉得不可信。于是，忙说："当然有，当然有，人怎么可能没有缺点呢，小小的瑕疵还是有的。"

接着，他迅速将陈冲的缺点在心里过了一遍，要说罪大恶极的还真没有，小毛病倒也不少。斟酌了一下，刘文开口说："陈冲这个人呀，有时候性子比较急，遇到事的时候爱冲动。"

刘文正准备继续说下去，忽闻耳后呼呼作响，好似什么物品腾空而来的声音，他一转头，一只皮鞋正中面颊。

陈冲破口大骂："刘小子，你心眼坏了，枉我这么多年把你当好朋友，你竟然在背后嚼舌，我怎么就性子急了？我怎么就遇事爱冲动了？"

结果呢，一段好姻缘就这样泡汤了，多年的好朋友也产生了隔阂。

冲动，是一个戴着天使面具的魔鬼，诱惑我们的身心，牵着我们的魂魄。每个人都会冲动，它不可避免，难以控制，但我们仍要将其限制在可以掌控的范围内，因为每一次头脑发昏的冲动，都可能会令我们遗憾终身。

世间的很多悲剧，都是因一时冲动所致。倘若我们能将心放宽一些，遇事时、与人交恶时，压制住自己的浮躁，考虑一下事情的前前后后以及由此造成的后果，且咽下一口气，留一步于人走，人与人之间的关系就会变得和谐许多。

很多不必要的伤痛，
都来自于那颗倔强执拗的心

很多人认为，妥协是一种懦弱的表现，认为只有针锋相对、寸土必争才是"好汉子""真英雄"。很明显，这类人的人生修为尚浅，做人的深度不足。其实很多时候，"退一步"并不意味着放弃努力和宣布失败。在非原则的问题上，若能妥协让步，互相和平共处，这个才是真正的为人之道。

做人，受得小气，才不至于受大气，忍得了一时之气，方可免得百日之忧。事实上，不是我打赢你，我就赢了，打赢你最后

不一定是赢的。我和你和平共处，最后全人类团结在一起，这是真正的无招胜有招。

我们来看看下面这件事，看看什么才是真的"赢"了。

她拥有一家三星级宾馆，经朋友介绍，她认识了一位名气很大的导演，导演准备在她的宾馆开一个新闻发布会。

她爽快地同意了，可在租金上却不能与对方达成协议。她要价4万，导演只答应出2万，双方争执不下。朋友劝她："你怎么这么傻，你只看到了2万，2万背后的钱可不止这个数，他们都是名人，平时请都请不来。"

她还是不妥协，坚持要4万，还对朋友说："你看你介绍的人，这么吝啬。"朋友生气："我没有你这个目光如豆的朋友。"说完，朋友抛开她，自己走了。

她旁边一家四星级宾馆的总经理听到这个消息，及时找到导演，说他愿意把宾馆大厅租给导演，而且要价不超过1.5万元。

于是，导演便租了这家四星级宾馆。开新闻发布会那几天除了许多记者、演员外，还有不少慕名而来的影迷，十几层的大楼无一空室。而且因为明星的光临，这家四星级宾馆名声大噪。

她看到这一幕后，后悔得不得了，但一切都晚了，她只能谴责自己目光短浅。

这两个人谁更聪明，应该不用再多说了吧？妥协有时就是通往成功的必要之路，就是在冷静中窥视时机，然后准确出击；这种妥协应是以退让开始，以胜利告终，表象是以对方利益为重，真相是为自己的利益开道。

妥协无疑是一种睿智，是我们处世的一项必要手段，它对于我们的人生起着微妙的作用，甚至可以改变人的一生。我们生存的世界很复杂，充满坎坷。在人生之路走不通的地方，要知道"退让一步，让人先行"的道理；在走得过去的地方，也一定要给予人家三分的便利，这样才能逢凶化吉，一帆风顺。

明朝年间，有一位姓尤的老翁开了个当铺，有好多年了，生意一直不错，某年年关将近，有一天尤翁忽然听见铺堂上人声嘈杂，走出来一看，原来是站柜台的伙计同一个邻居吵了起来。伙计连忙上前对尤翁说："这人前些时日典当了些东西，今天空手来取典当之物，不给就破口大骂，一点道理都不讲。"那人见了尤翁，仍然骂骂咧咧，不认情面。尤翁却笑脸相迎，好言好语地对他说："我晓得你的意思，不过是为了度过年关。街坊邻居，区区小事，还用得着争吵吗？"于是叫伙计找出他典当的东西，共有四五件。尤翁指着棉袄说："这是过冬不可少的衣服。"又指着长袍说："这件给你拜年用。其他东西现在不急用，不如暂放这里，棉袄、长袍先拿回去穿吧！"

那人拿了两件衣服，一声不响地走了。当天夜里，他竟突然死在另一人家里。为此，死者的亲属同那人打了一年多官司，害得那家人花了不少冤枉钱。

这个邻人欠了人家很多债，无法偿还，走投无路，事先已经服毒，知道尤家殷实，想用死来敲诈一笔钱财，结果只得了两件衣服。他只好到另一家去扯皮，那家人不肯相让，结果就死在那里了。

后来有人问尤翁说："你怎么能有先见之明，容忍这种人呢？"尤翁回答说："凡是横蛮无理来挑衅的人，他一定是有所恃而来的。如果在小事上不稍加退让，那么灾祸就可能接踵而至。"人们听了这一席话，无不佩服尤翁的见识。

中国有句格言："忍一时风平浪静，退一步海阔天空。"不少人将它抄下来贴在墙上，奉为处世的座右铭。这句话与当今商品经济下的竞争观念似乎不大合拍，事实上，"争"与"让"并非总是不相容，反倒经常互补。凡事未必要一个劲"争"到底，退让、妥协、牺牲有时也很有必要，"让"不仅是一种美好的德行，而且也是一种宝贵的智慧。

你可以用爱得到全世界，
你也可以用恨失去全世界

一个人在他20多岁时被人陷害，在牢房里待了10年。后来冤案告破，他终于走出了监狱。出狱后，他开始了几年如一日地反复控诉、咒骂："我真不幸，在最年轻有为的时候竟遭受冤屈，在监狱度过本应最美好的一段时光。那样的监狱简直不是人居住的地方，狭窄得连转身都困难，唯一的小窗口里几乎看不到阳光。冬天寒冷难忍，夏天蚊虫叮咬……真不明白，上帝为什么不惩罚那个陷害我的家伙，即使将他千刀万剐，也难解我心头之恨啊！"

75岁那年，在满心的愤恨之中，他卧床不起，弥留之际，牧师来到他的床边："可怜的孩子，去天堂之前，忏悔您在人世间的一切罪恶吧……"

牧师的话音刚落，病床上的他声嘶力竭地叫喊起来："我没有什么需要忏悔，我需要的是诅咒，诅咒那些施与我不幸命运的人……"

牧师问："您因冤屈在监狱里待了多少年？离开监狱后又生活了多少年？"他恶狠狠地将数字告诉了牧师。

牧师长叹了一口气："可怜的人，您真是世上最不幸的人，对您的不幸，我真的感到万分的同情和悲痛！他人囚禁了你区区10年，而当你走出监牢本应获取永久自由的时候，你却用心底里的仇恨、抱怨、诅咒囚禁了自己整整45年！"

也许昨天，也许很久以前，有人伤害了你，你不能忘记。你本不应受到这种伤害，于是你把它深深地埋在心里等待报复。不过，这样做是毫无益处的，不肯放过别人就是不宽恕自己。

"恨"是一种极其狭隘的负面情绪，将仇恨埋在心中须臾不忘，就会一直遭受仇恨的折磨，时时想着"报仇雪恨"，人生又怎能过得轻松？

另一方面，理易清，仇则易乱。仇恨常常左右人们的理智，使人们对复杂多变的形势作出错误的分析和判断。这对你的人生

将是一种极大的伤害。

三国时，曹操历经艰险，在平定了青州黄巾军后，实力增加，声势大振，有了一块稳定的根据地，于是他派人去接自己的父亲曹嵩。曹嵩带着一家老小40余人途经徐州时，徐州太守陶谦出于一片好心，同时也想借此机会结纳曹操，便亲自出境迎接曹嵩一家，并大设宴席热情招待，连续两日。一般来说，事情办到这种地步就比较到位了，但陶谦还嫌不够，他还要派500士卒护送曹嵩一家。这样一来，好心却办了坏事。护送的这批人原本是黄巾余党，他们只是勉强归顺了陶谦，而陶谦并未给他们任何好处。如今他们看见曹家装载财宝的车辆无数，便起了歹心，半夜杀了曹嵩一家，抢光了所有财产跑掉了。曹操听说之后，咬牙切齿道："陶谦放纵士兵杀死我父亲，此仇不共戴天！我要尽起大军，血洗徐州。"

随后，曹操亲统大军，浩浩荡荡杀向徐州，所过之处无论男女老少，鸡犬不留。吓得陶谦几欲自裁，以谢罪曹公，以救黎民于水火。然而，事情却突然发生了骤变，吕布率兵攻破了兖州，占领了濮阳。怎么办？这边父仇未报，那边又起战事！如果曹操此时被复仇的想法所左右，那么，他一定看不出事情的发展趋势，也察觉不出情况的危急。但曹操毕竟是曹操，他是一个十分冷静沉着的人，也是一个非常会控制自己情绪的人。正因如此，他立刻分析出了情况的严重性——"兖州失去了，就等于断了我们的归路，不可不早作打算。"于是，曹操便放弃了复仇的计划，拔寨退兵，去收复兖州了。

　　同是三国枭雄，反观刘备，只因义弟关羽死于东吴之手，便不顾诸葛亮、赵云等人的劝阻，一意孤行，杀向东吴。最终仇未得报，又被陆逊一把火烧了七百里连营，自感无颜再见蜀中众臣，郁郁死于白帝城，从此西蜀一蹶不振。

　　曹操与刘备谁的仇更大？显然是曹操，曹操死了一家老小40余人，而刘备只死了义弟关羽一人。但曹操显然要比刘备冷静得多，他面对骤变的局势，思维、判断没有受到复仇心态的任何影响，所以他才能够摆脱这次危机，保住了自己的地盘和势力。

　　当然，我们做人，若说尽去七情，洗净六欲，显然是不现实的，但放宽情怀，尽量避免为情绪所控制则并不是什么难事。

　　实际上，淡忘仇恨，同时也是解放了自己，与其因为愤恨而耗尽自己一生的精力，时时记着那些伤害你的人和事，被回忆和仇恨所折磨，还不如淡忘，把自己的心灵从禁锢中解脱出来。遇事但凡有这个念头在，你的人生势必会少为烦恼所牵绊，你的心灵自然会轻松许多。

　　1994年9月的一天，在意大利境内的一条高速公路上，一对美国夫妇带着7岁的儿子尼古拉·格林正驾车向一个旅游胜地进发。突然，一辆菲亚特轿车超过他们，车窗内伸出几支枪管，一阵射击之后，他们的儿子中弹身亡。

　　这对夫妇本应该痛恨这个国家，因为在这块土地上他们失去了爱子。可是，悲伤过后，他们作出了一个令人震惊的决定：把儿子健康的器官捐献给意大利人！在意大利，即使是正常死亡的

本国公民自愿捐献器官的也很罕见。于是，一个 15 岁的少年接受了尼古拉的心脏，一个 19 岁的少女得到了他的肝脏，一个 20 岁的妇女换上了他的胃，另外两个孩子分别得到了他的两个肾。5 个意大利人在这份生命的馈赠中得救了。这件轰动一时的事足以令所有的意大利人汗颜！1994 年的 10 月 4 日，意大利总统斯卡尔法罗将一枚金奖章授予这对美国夫妇，为他们容纳百川的胸怀以及悲世悯人的情操，还有以德报怨的人生境界。

仇恨带给人们的灾难太深重了，应该怎样把仇恨化作一种美好呢？这对美国夫妇为人们做了一个成功的榜样。他们的爱子在异国无辜暴死，可他们的理智却抑制了仇恨的烈焰，并依然作出了惊世骇俗的决定，使 5 个年轻人获得了重生，使冤死的儿子永远活在意大利人的心中！

你可以用爱得到全世界，亦如这对意大利夫妇，也可以用恨失去全世界，亦如刘皇叔。你的选择，将决定你生活的苦与乐。

化解你的仇恨吧！做人要有一颗慈心，慈心，是亲爱和好的心，是希望他人有幸福的无量心，是大丈夫心。要做什么事，都要有慈心；要说什么话，都要有慈心；要想什么事，都要有慈心。这样做，全世界都会美好起来，一切众生，亦都是很安乐的。

婚姻的美妙，有时就靠"忍耐几分钟"

《说文解字》上说"忍，能也"。忍，确实是有能力、有雅量、有修养的表现，它是积极的，主动的，高姿态的。人人都懂得这个理，何愁家庭不和谐幸福？

有一老翁，有子媳各三，但一家相处融洽，终年不见争吵。一日闲聊时，老翁谈起与媳妇的相处之道。他举例说，一次大媳妇煮点心，先盛一碗给他，并半征询半内疚道："刚才我好像放多了盐，不知您会不会觉得咸了点？"阿翁吃了一口，即答："不会！不会！恰到好处呢！"此后的一次，三媳妇煮点心时也给他送去一碗，说："我一向吃得较为清淡，不知您口感如何？"阿翁喝了一口汤，忙答："很好很好，正合我的口味。"结果自然是皆大欢喜。

忍让是通向幸福的钥匙。家庭中的矛盾、分歧很少有原则性的分歧。这时能以"忍"字为先，装些糊涂，表示谦让，矛盾也就烟消云散了。不然的话，就会激化矛盾。其实，是咸是淡，好吃难吃，都不重要，重要的是人与人相处时那种和乐的气氛。

妻子把满满一桌饭菜凉了又热，热了又凉，那可全都是丈夫

爱吃的。然而丈夫早忘了今天是他们结婚 5 周年的纪念日，而迟迟在外不归。

终于，妻子听到了钥匙的开门声，这时愤怒的妻子真想跳起来把丈夫推出去。丈夫的全部兴奋点都在今晚的足球赛上，那精彩的临门一脚仿佛是他射进的一般。妻子真想在丈夫眉飞色舞的脸上打一拳，然而一个声音告诫她："别这样，亲爱的，再忍耐两分钟。"

两分钟以后的妻子，怒气不觉降了许多。"丈夫本来就是那种粗心大意的男人，况且这场球赛又是他盼望已久的。"她不停地安慰自己，而后起身又把饭菜重新热了一遍，并斟上两杯红葡萄酒。兴奋依然的丈夫惊喜地望着丰盛的饭桌："亲爱的，这是为什么？""因为今天是我们的结婚纪念日。"

愣了片刻的丈夫抱住妻子："宝贝，真对不起，今晚我不该去看球。"

妻子笑了，她暗自庆幸几分钟前自己压住了火气，没大发雷霆。

怒气有时候会自己溜走，稍稍耐心地等一下，不必急着发作，否则会惹出更多的怒气，付出更大的代价。心平气和才能化解一切矛盾。

忍让，是家庭和谐幸福的一个必不可少的条件。多站在别人的角度想一想，比如，在家里谁说了几句不中听的话，你不妨想到，他可能为别的事心里不痛快，或许他对什么事误会了；或许他天生的直筒子脾气，沾火就爆，过后他会想到自己的不对的；

或许是因为他年纪小，想事情不周全，等等。这样就理解了，宽恕了，容忍了，也就不会放到心里去。这才是真正的忍，忍了之后，自己的心里也是坦然的，宽阔的，清爽的，平静的。

试想，如果家庭成员之间因磕磕碰碰、丁丁点点的小事，不知忍让，不去克制，便针扎火爆地发脾气，耍野性，这个家庭还有什么和谐幸福可言呢？我们每个家庭当中，夫妻吵架，都是因为这些不值一提的事引起的。你细细想一下，是不是应该像例子中的妻子那样忍耐两分钟呢？